单片机原理与接口技术

主　编　朱晓辉　来　婷
副主编　朱茜颖　张　毅
参　编　李　娜

北京理工大学出版社
BEIJING INSTITUTE OF TECHNOLOGY PRESS

内 容 简 介

本书以 8051 单片机的 C 语言为例来学习使用 C 语言进行单片机程序开发，详细介绍了 Keil 软件的使用方法、程序的编写与调试方法及其他相关知识。

本书结合了作者多年教学经验，在单片机的 C 语言课堂教学改革基础上，融入了教学改革的成果而编写，它依据学习者的认知规律来编排内容，充分体现了以人为本的指导思想。本书各章均配备了足够数量的习题，供师生使用。

本书语言通俗易懂、实例丰富，有较强的实用性和参考价值，适合高等院校电子、电气、控制及相关专业使用。

版权专有　侵权必究

图书在版编目（CIP）数据

单片机原理与接口技术 / 朱晓辉，来婷主编. —北京：北京理工大学出版社，2018.8
（2023.8 重印）
ISBN 978-7-5682-6217-0

Ⅰ. ①单… Ⅱ. ①朱… ②来… Ⅲ. ①单片微型计算机-基础理论-高等学校-教材②单片微型计算机-接口技术-高等学校-教材　Ⅳ. ①TP368.1

中国版本图书馆 CIP 数据核字（2018）第 193455 号

出版发行 /	北京理工大学出版社有限责任公司
社　　址 /	北京市海淀区中关村南大街 5 号
邮　　编 /	100081
电　　话 /	（010）68914775（总编室）
	（010）82562903（教材售后服务热线）
	（010）68944723（其他图书服务热线）
网　　址 /	http://www.bitpress.com.cn
经　　销 /	全国各地新华书店
印　　刷 /	三河市华骏印务包装有限公司
开　　本 /	787 毫米×1092 毫米　1/16
印　　张 /	11.25
字　　数 /	266 千字
版　　次 /	2018 年 8 月第 1 版　2023 年 8 月第 4 次印刷
定　　价 /	32.00 元

责任编辑 / 陈莉华
文案编辑 / 陈莉华
责任校对 / 周瑞红
责任印制 / 李志强

图书出现印装质量问题，请拨打售后服务热线，本社负责调换

前　　言

自从 1972 年 Intel 公司推出第一片微处理器以来，计算机技术遵循着摩尔先生提出的摩尔定律，以每 18 个月为一个周期微处理器性能提高一倍、价格降低一半的速度快步向前发展。以微处理器为核心的微型计算机在最近几十年中发生了巨大的变化。计算机对整个社会进步的影响有目共睹，其应用面的迅速拓宽，对个人与社会等多方面的渗透表明，计算机技术已不再是深居于高层次科技领域里的宠儿，它已经深入到社会活动的一切领域之中，闯进了平常百姓的生活里，使人们跨入了信息时代、数字时代。单片机以其高可靠性、高性能价格比，在工业控制系统、数据采集系统、智能化仪器仪表、办公自动化等诸多领域得到极为广泛的应用。随着单片机 C 语言编译器的出现，那些相对缺乏硬件基础知识的相关设计人员设计单片机的大门也随之打开了。

从学习的角度看，单片机作为一个完整的数字处理系统，具备了构成计算机的主要单元部件，在这个意义上称为单片微机并不过分。通过学习和应用单片机进入了计算机硬件设计之门，可达到事半功倍的效果。本书中包含了大量 8051 单片机应用的程序代码，编程实例丰富，内容覆盖面广。通过这些例子的学习，读者可以在最短的时间里准确、有效地掌握用 C 语言开发单片机系统的技术。对于单片机的学习，希望读者在学习本书之前，自己先熟悉一点相关的电子技术知识，特别是数字电路基础，这对学习中碰到的相关概念会有很大的帮助。

全书第 1 章由张毅编写、第 2～4 章由朱晓辉编写、第 5～6 章由来婷编写、第 7 章由李娜编写、第 8～9 章由朱茜颖编写。朱晓辉负责全书的策划、内容安排、文稿编写修改和审定工作。

本书在编写过程中得到了武汉工程大学邮电与信息工程学院的全力支持和帮助。本书还得到了陶智勇教授的大力支持，陶智勇教授对本书的初稿进行了审阅，并提出了宝贵意见。陈建虎、李炎隆等参与本书相关图表以及部分章节的核对工作，在此对他们付出的辛勤工作一并表示衷心的感谢！

由于本书涉及的知识点较多，尽管在编写中做了许多努力，但由于时间仓促，难免有不足和疏漏之处，欢迎广大读者提出宝贵意见和建议，以便进一步改进和提高，使之满足实际教学的需要。

目　　录

第 1 章　单片机概述 ··· 1
1.1　单片机的发展史 ··· 1
1.1.1　单片机的应用 ·· 2
1.1.2　单片机的主要发展趋势 ·· 2
1.1.3　MCS－51 单片机和 8051、8031、89C51 等的关系 ······························· 3
1.2　8051 单片机基础知识 ··· 3
1.2.1　8051 单片机知识 ·· 3
1.2.2　单片机的存储器 ··· 6
1.2.3　单片机片内资源 ··· 12
第 2 章　C 语言与 8051 ·· 18
2.1　8051 的编程语言 ·· 18
2.1.1　C51 编译器 ·· 18
2.1.2　C51 程序结构 ·· 19
2.1.3　单片机调试应用 ··· 20
2.2　单片机编译软件包 Keil C51 的使用 ·· 23
2.2.1　Keil C51 的使用方法 ··· 23
2.2.2　调试步骤 ··· 26
第 3 章　C51 数据与运算 ·· 30
3.1　数据与数据类型 ··· 30
3.1.1　常量和变量 ·· 31
3.1.2　C51 数据的存储类型与 8051 存储器结构 ·· 31
3.2　8051 内部资源及其 C51 定义 ·· 33
3.3　运算符与表达式 ··· 35
3.3.1　赋值运算 ··· 35
3.3.2　算术运算符及算术表达式 ··· 35
3.3.3　算术运算的优先级与结合性 ·· 36
3.3.4　数据类型转换运算 ·· 36
3.3.5　关系运算与逻辑运算 ··· 36
3.3.6　位运算 ·· 37
3.3.7　自增减运算及复合运算 ·· 38

第 4 章 C51 流程控制语句 40
4.1 顺序结构 40
4.2 选择结构 42
4.2.1 if 语句的三种基本形式 42
4.2.2 switch-case 语句 45
4.2.3 break 语句 46
4.3 循环结构 47
4.4 C51 数组 52
4.5 函数 53
4.6 程序设计 55

第 5 章 8051 内部资源的 C 编程 62
5.1 中断概述 62
5.1.1 中断相关的概念 62
5.1.2 中断源 63
5.1.3 中断响应 65
5.1.4 中断寄存器组切换 67
5.1.5 中断的编程 67
5.2 定时器/计数器（T/C） 69
5.2.1 定时器/计数器概述 69
5.2.2 定时器/计数器的控制 71
5.2.3 定时器/计数器的工作方式 71
5.2.4 定时器/计数器的初始化 72
5.2.5 定时器/计数器的应用举例 72
5.3 串行口 78
5.3.1 串口概述 78
5.3.2 8051 单片机的串行接口结构 79
5.3.3 串行口的控制与状态寄存器 79
5.3.4 串行口的工作方式 81
5.3.5 串行口初始化 82
5.3.6 串行口应用编程实例 83

第 6 章 8051 扩展资源的 C 编程 88
6.1 可编程外围定时器 8253 88
6.2 可编程外围并行接口 8255 91
6.2.1 8255 芯片的内部结构与引脚 92
6.2.2 8255 的命令字和工作方式 93
6.2.3 8255 与 8051 的接口设计 95

第 7 章 8051 数据采集的 C 编程 98
7.1 8 位 D/A 芯片 DAC0832 98
7.1.1 DAC0832 的结构与引脚 98

  7.1.2 8031 与 DAC0832 接口电路的应用 ································· 99
 7.2 8 位 A/D 芯片 ADC0809 ·· 102
  7.2.1 ADC0809 的结构和引脚 ·· 102
  7.2.2 ADC0809 与 8031 的接口 ··· 103

第 8 章　8051 单片机与输入/输出外设的 C 编程 ································· 107
 8.1 键盘和数码显示 ·· 107
  8.1.1 矩阵式键盘与 8051 的接口 ·· 107
  8.1.2 七段 LED 显示器与 8051 的接口 ································· 109
 8.2 字符型 LCD 显示模块 ·· 111
  8.2.1 字符型 LCD 的结构和引脚 ·· 112
  8.2.2 显示板控制器的指令系统 ··· 113
 8.3 点阵型 LCD 显示模块 ·· 116
  8.3.1 HD61830 的特点和引脚 ·· 117
  8.3.2 HD61830 指令集 ··· 118
  8.3.3 与内藏 HD61830 的液晶模块的接口和编程 ··················· 120

第 9 章　单片机应用实例 ··· 130
 9.1 并行接口和定时中断的应用 ·· 130
  9.1.1 用 P0 口显示字符串常量 ·· 130
  9.1.2 用 if 语句控制 P0 口 8 位 LED 的流水方向 ····················· 131
  9.1.3 用定时器写的流水灯 ·· 132
  9.1.4 用字符型数组控制 P0 口 8 位 LED 流水点亮 ··················· 133
  9.1.5 用定时器 T1 中断控制两个 LED 以不同周期闪烁 ············ 134
 9.2 键盘的应用 ·· 135
  9.2.1 用 8255 的 PA 口与 4×4 键盘相接 ································ 135
  9.2.2 带键盘设置的秒计时器 ·· 138
 9.3 串口的应用 ·· 141
  9.3.1 键盘输入串口显示 BCD 码 ·· 141
  9.3.2 串口从键盘输入并显示 0~F ······································ 144
 9.4 脉宽调制（PWM）的应用 ··· 146
  9.4.1 PWM 控制电机的方法 ·· 146
  9.4.2 步进电机控制 ··· 150
 9.5 电动自行车的速度测试系统 ·· 156
 9.6 在单片机上用液晶手机实现汉字输入功能 ··························· 159

附录 A　C51 中的关键字 ·· 167
附录 B　ANSIC 标准关键字 ··· 168
参考文献 ··· 169

第 1 章

单片机概述

一台能够工作的计算机要由这样几个部分构成：CPU（进行运算、控制）、RAM（数据存储）、ROM（程序存储）、输入/输出设备（例如串行口、并行输出口等）。在个人计算机上这些部分被分成若干块芯片，安装在一个被称为主板的印制电路板上。而在单片机中，这些部分，全部被做到一块集成电路芯片中了，所以就称为单片（单芯片）机，而且有一些单片机中除了上述部分外，还集成了其他部分，如 ADC、DAC 等。

单片机的价格并不高，从几元人民币到几十元人民币，体积也不大，一般用 40 脚封装，当然功能多的一些单片机，其引脚也比较多，如 68 个引脚，功能少的只有 10 多个或 20 多个引脚，有的甚至只有 8 个引脚。

为什么会这样呢？

功能有强弱。打个比方，市场上有的组合音响一套才卖几百块钱，可是有的一台功放机就要卖好几千。另外这种芯片的生产量很大，技术也很成熟，51 系列的单片机已经做了十几年，所以价格就低了。

既然如此，单片机的功能肯定不强，为什么要学它呢？

实际工作中并不是任何需要计算机的场合都要求计算机有很高的性能，一个控制电冰箱温度的计算机难道要用 PⅢ？应用的关键是看是否够用，是否有很好的性能价格比。所以 8051 单片机的生产已经几十年了，依然没有被淘汰，还在不断的发展中。

1.1 单片机的发展史

上述简单描述了单片机，那么单片机是如何发展起来的呢，这是因为单片机是在一块硅片上集成了各种部件的微型计算机。随着大规模集成电路技术的发展，可以将中央处理器（CPU）、数据存储器（RAM）、程序存储器（ROM）、定时器/计数器以及输入/输出（I/O）接口电路等主要计算机部件，集成在一块电路芯片上。虽然单片机只是一个芯片，但从组成和功能上，都已具有了微机系统的含义。由于单片机能独立执行内部程序，所以又称它为微型控制器（Microcontroller）。

单片机自从问世以来，性能在不断地提高和完善，它不仅能够满足很多应用场合的需要，而且具有集成度高、功能强、速度快、体积小、使用方便、性能可靠、价格低廉等特点。因此，在工业控制、智能仪器仪表、数据采集和处理、通信、智能接口、商业营销等领域得到广泛的应用，并且正在逐步取代现有的多片微机应用系统。单片机的潜力越来越被人们所重视,也更扩大了单片机的应用范围,也进一步促进了单片机技术的发展。单片机的发展史大致可分为以下 3 个阶段。

第一阶段(1976—1978):初级单片机微处理阶段。该时期的单片机具有 8 位 CPU,并行 I/O 端口、8 位时序同步计数器,寻址范围为 4 KB,但是没有串行口。

第二阶段(1978—1982):高性能单片机微机处理阶段,该时期的单片机具有 I/O 串行端口,有多级中断处理系统,15 位时序同步技术器,RAM、ROM 容量加大,寻址范围可达 64 KB。

第三阶段(1982 至今):8 位单片机微处理改良型及 16 位单片机微处理阶段。

1.1.1　单片机的应用

由于单片机具有显著的优点,它已成为科技领域的有力工具,人类生活的得力助手。它的应用遍及各个领域,主要表现在以下几个方面。

1. 单片机在智能仪表中的应用

单片机广泛地用于各种仪器仪表,使仪器仪表智能化,并可以提高测量的自动化程度和精度,简化仪器仪表的硬件结构,提高其性能价格比。

2. 单片机在机电一体化中的应用

机电一体化是机械工业发展的方向。机电一体化产品是指集成机械技术、微电子技术、计算机技术于一体,具有智能化特征的机电产品,例如微型单片机控制的数字机床、钻床等。单片机作为产品中的控制器,能充分发挥它的体积小、可靠性高、功能强等优点,可大大提高机器的自动化、智能化程度。

3. 单片机在实时控制中的应用

单片机广泛地用于各种实时控制系统中。例如,在工业测控、航空航天、尖端武器、机器人等各种实时控制系统中,都可以用单片机作为控制器。单片机的实时数据处理能力和控制功能,可使系统保持在最佳工作状态,提高系统的工作效率和产品质量。

4. 单片机在分布式多机系统中的应用

在比较复杂的系统中,常采用分布式多机系统。多机系统一般由若干台功能各异的单片机组成,各自完成特定的任务,它们通过串行通信相互联系、协调工作。单片机在这种系统中往往作为一个终端机,安装在系统的某些节点上,对现场信息进行实时的测量和控制。单片机的高可靠性和强抗干扰能力,使它可以置于恶劣环境的前端工作。

5. 单片机在人类生活中的应用

自从单片机诞生以后,它就步入了人类生活,如洗衣机、电冰箱、电子玩具、收录机等家用电器配上单片机后,提高了智能化程度,增加了功能,备受人们喜爱。单片机将使人类生活更加方便、舒适、丰富多彩。

1.1.2　单片机的主要发展趋势

目前,单片机正朝着高性能和多品种方向发展,其发展趋势将是进一步向着 CMOS 化、低功耗、小体积、大容量、高性能、低价格和外围电路内装化等几个方面发展。

1. CMOS 化

近年,由于 CHMOS 技术的进步,大大地促进了单片机的 CMOS 化。CMOS 芯片除了低功耗特性之外,还具有功耗的可控性,使单片机可以工作在功耗精细管理状态。这也是今后以 80C51 取代 8051 为标准 MCU 芯片的原因。因为单片机芯片多数是采用 CMOS（金属栅氧化物）半导体工艺生产。CMOS 电路的特点是低功耗、高密度、低速度、低价格。采用双极型半导体工艺的 TTL 电路速度快，但功耗和芯片面积较大。随着技术和工艺水平的提高，又出现了 HMOS（高密度、高速度 MOS）、CHMOS 工艺以及 CHMOS 和 HMOS 工艺的结合。目前生产的 CHMOS 电路已达到 LSTTL 的速度，传输延迟时间小于 2 ns，它的综合优势已大于 TTL 电路。因而，在单片机领域，CMOS 电路正在逐渐取代 TTL 电路。

2. 低功耗化

单片机的功耗已从 mA 级，降至 1 μA 以下；使用电压在 3～5 V 范围内，完全适应电池工作。低功耗化的效应不仅是功耗低，而且带来了产品的高可靠性、高抗干扰能力以及产品的便携化。

3. 低电压化

几乎所有的单片机都有 WAIT、STOP 等省电运行方式。允许使用的电压范围越来越宽，一般在 3～5 V 范围内工作。低电压供电的单片机电源下限已可达 1～2 V。目前 0.8 V 供电的单片机已经问世。

4. 低噪声与高可靠性

为提高单片机的抗电磁干扰能力，使产品能适应恶劣的工作环境，满足电磁兼容性方面更高标准的要求，各单片机厂家在单片机内部电路中都采用了新的技术措施。若用数字电路完成，所设计的电路相当复杂，大概需要十几片数字集成块，其功能也主要依赖于数字电路的各功能模块的组合来实现，焊接的过程比较复杂，成本也非常高。若用单片机来设计制作完成，由于其功能的实现主要通过软件编程来完成，那么就降低了硬件电路的复杂性，而且其成本也有所降低。

1.1.3 MCS-51 单片机和 8051、8031、89C51 等的关系

我们平常老是讲 8051，又有什么 8031，现在又有 89C51，它们之间究竟是什么关系呢？

MCS-51 是指由美国 Intel 公司生产的一系列单片机的总称，这一系列单片机包括了好些品种，如 8031、8051、8751、8032、8052、8752 等，其中 8051 是最早最典型的产品，该系列其他单片机都是在 8051 的基础上进行功能的增、减、改变而来的，所以人们习惯于用 8051 来称呼 MCS-51 系列单片机，而 8031 是前些年在我国最流行的单片机，所以很多场合会看到 8031 的名称。Intel 公司将 MCS-51 的核心技术授权给了很多其他公司，所以有很多公司在做以 8051 为核心的单片机，当然，功能或多或少有些改变，以满足不同的需求，其中 89C51 就是这几年在我国非常流行的单片机，它是由美国 ATMEL 公司开发生产的。

1.2 8051 单片机基础知识

1.2.1 8051 单片机知识

一、8051 单片机的特点

8051 单片机是把 CPU、ROM、RAM、I/O 口、定时器/计数器、中断等功能全集成在一块芯片上。8051 的 CPU 为 8 位；其片内有振荡器及时钟电路，有 32 根 I/O 线（即 P0 口、

P1口、P2口、P3口），对于外部存储器寻址范围，ROM、RAM各64 KB，有2个16位的定时器/计数器，5个中断源，2个中断优先级；全双工串行口；布尔处理器。

二、MCS-51系列单片机的性能

MCS-51系列单片机性能如表1.1所示。

表1.1 MCS-51系列单片机的性能

ROM 形式			片内 ROM/B	片内 RAM/B	寻址范围/B	I/O 口		
片内 ROM	片内 EPROM	外接 EPROM				计数器	并行口	串行口
8051	8751	8031	4 K	128	2×64 K	2×16	4×8	1
80C51	87C51	80C31	4 K	128	2×64 K	2×16	4×8	1
8052	8752	8032	8 K	256	2×64 K	2×16	4×8	1
80C52	87C52	80C32	8 K	256	2×64 K	2×16	4×8	1

三、中央处理器

中央处理器（CPU）由运算器和控制逻辑构成，其中包括若干SFR（特殊功能寄存器）。

以 ALU（算术逻辑单元）为中心的运算器：ALU 能对数据进行加、减、乘、除等算术运算；"与""或""异或"等逻辑运算以及位操作运算。

状态寄存器的位定义如下：

D7	D6	D5	D4	D3	D2	D1	D0
CY	AC	F0	RS1	RS0	OV		P

CY—进位标志。有进位/借位时 CY=1，否则 CY=0。

AC—半进位标志。当 D3 位向 D4 位产生进位/借位时 AC=1，否则 AC=0，常用于十进制调整运算中。

F0—用户可设定的标志位，可置位/复位，也可供测试使用。

RS1、RS0—四个通用寄存器组的选择位，该两位的4种组合状态用来选择0～3寄存器组。其组合如表1.2所示。

表1.2 RS1、RS0与工作寄存器组的关系

RS1	RS0	工作寄存器组
0	0	0组（00～07H）
0	1	1组（08～0FH）
1	0	2组（10～17H）
1	1	3组（18～1FH）

OV—溢出标志。当带符号数运算结果超出 −128～+127 范围时 OV=1，否则 OV=0。当无符号数乘法结果超过 255 时，或当无符号数除法的除数为 0 时 OV=1，否则 OV=0。

P—奇偶校验标志。每条指令执行完，若 A 中 1 的个数为奇数时 P=1，否则 P=0，即偶校验方式。

四、控制器、时钟电路和基本时序周期

控制逻辑主要包括定时和控制逻辑、指令寄存器、译码器以及地址指针 DPTR 和程序计数器 PC 等。

1. 8051 的时钟

时钟是时序的基础，8051 片内由一个反相放大器构成振荡器，可以由它产生时钟。

时钟可以由两种方式产生：内部方式和外部方式，如图 1.1 所示。

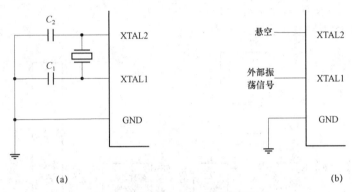

图 1.1　时钟的内部方式和外部方式
（a）内部方式；（b）外部方式

2. 8051 的基本时序周期

振荡周期：指振荡源的周期，若为内部产生方式时，为石英晶体的振荡周期。

时钟周期：（称 S 周期）为振荡周期的 2 倍，时钟周期＝振荡周期 P_1＋振荡周期 P_2。

机器周期：一个机器周期含 6 个时钟周期。

指令周期：完成一条指令占用的全部时间。8051 的指令周期含 1～4 个机器周期，其中多数为单周期指令，还有 2 周期指令和 4 周期指令。

3. 指令部件

程序计数器 PC：8051 的 PC 是 16 位的计数器，其内容为下一条待执行指令的地址，可寻址范围为 64 KB。

指令寄存器 IR：IR 用来存放当前正在执行的指令。

指令译码器 ID：ID 对 IR 中的指令操作码进行分析解释，产生相应的控制信号。

数据指针 DPTR：DPTR 是 16 位地址寄存器，既可以用于寻址外部数据存储器，也可以寻址外部程序存储器中的表格数据。DPTR 也可以寻址 64 KB 地址空间。

五、复位电路

单片机复位电路如图 1.2 所示。

在振荡器运行时，有两个机器周期（24 个振荡周期）以上的高电平出现在复位引脚 RESET 时，将使单片机复位，只要这个脚保持高电平，51 芯片便循环复位。复位后 P0～P3 口均置"1"，引脚表现为高电平，程序计数器和特殊功

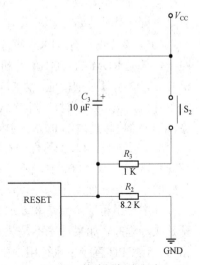

图 1.2　单片机复位电路

能寄存器 SFR 全部清零。当复位脚由高电平变为低电平时，芯片在 ROM 的 00H 处开始运行程序。复位操作不会对内部 RAM 有所影响。

1.2.2 单片机的存储器

8051 单片机的存储器的特点：采用哈佛结构，程序存储器与数据存储器分开，两者各有一个相互独立的 64 KB（0x0000～0xFFFF）的寻址空间（准确地说，内部数据存储器与外部数据存储器不是一回事）。

其存储器结构如图 1.3 所示。

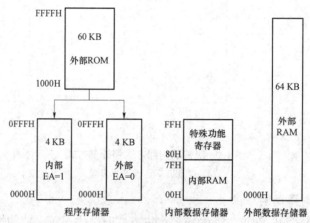

图 1.3 单片机的存储器结构

一、程序存储器

一个微处理器能够聪明地执行某种任务，除了它们强大的硬件外，还需要它们运行的软件，其实微处理器并不聪明，它们只是完全按照设计人员预先编写的程序而执行之。设计人员编写的程序就存放在微处理器的程序存储器中，俗称只读程序存储器（ROM）。程序相当于给微处理器处理问题的一系列命令。其实程序和数据一样，都是由机器码组成的代码串，只是将程序代码存放于程序存储器中。

8051 单片机具有 64 KB 程序存储器寻址空间，它用于存放用户程序、数据和表格等信息。对于内部无 ROM 的 8031 单片机，它的程序存储器必须外接，空间地址为 64 KB，此时单片机 $\overline{EA}$/VPP 引脚必须接地，强制 CPU 从外部程序存储器读取程序。对于内部有 ROM 的 8051 等单片机，正常运行时，则需 $\overline{EA}$/VPP 引脚接高电平，使 CPU 先从内部的程序存储中读取程序，当 PC 值超过内部 ROM 的容量时，才会转向外部的程序存储器读取程序。

8051 片内有 4 KB 的程序存储单元，其地址为 0000H～0FFFH，单片机启动复位后，程序计数器的内容为 0000H，所以系统将从 0000H 单元开始执行程序。但在程序存储器中有些特殊的单元，在使用中应加以注意。

其中一组特殊单元是 0000H～0002H，系统复位后，PC 为 0000H，单片机从 0000H 单元开始执行程序，如果程序不是从 0000H 单元开始，则应在这三个单元中存放一条无条件转移指令，让 CPU 直接去执行用户指定的程序。

另一组特殊单元是 0003H～002AH，这 40 个单元各有用途，它们被均匀地分为 5 段，其定义如下：

0003H～000AH：外部中断 0 中断地址区。
000BH～0012H：定时器/计数器 0 中断地址区。
0013H～001AH：外部中断 1 中断地址区。
001BH～0022H：定时器/计数器 1 中断地址区。
0023H～002AH：串行中断地址区。

可见以上的 40 个单元是专门用于存放中断处理程序的地址单元，中断响应后，按中断的类型，自动转到各自的中断区去执行程序。因此以上地址单元不能用于存放程序的其他内容，只能存放中断服务程序。但是通常情况下，每段只有 8 个地址单元，是不能存下完整的中断服务程序的，因而一般也在中断响应的地址区安放一条无条件转移指令，指向程序存储器的其他真正存放中断服务程序的空间去执行，这样中断响应后，CPU 读到这条转移指令，便转向其他地方去继续执行中断服务程序。

二、数据存储器

数据存储器也称为随机存取数据存储器。8051 单片机的数据存储器在物理上和逻辑上都分为两个地址空间，一个是内部数据存储区，另一个是外部数据存储区。8051 单片机内部 RAM 有 128 B 或 256 B 的用户数据存储区（不同的型号也有区别），它们是用于存放执行的中间结果和过程数据的。8051 单片机的数据存储器均可读写，部分单元还可以位寻址。

1. 8051 内部数据存储器

8051 内部 RAM 共有 256 个单元，这 256 个单元共分为两部分。其一是地址从 00H～7FH 单元（共 128 B）为用户数据 RAM（内部 RAM）。从 80H～FFH 地址单元（也是 128 B）为特殊功能寄存器（SFR）单元。从表 1.3 中可清楚地看出它们的结构分布。

表 1.3 内部 RAM 存储器结构

内部 RAM 地址		功　能
00H	0 区	4 组通用寄存器 R0～R7 也可作 RAM 使用，R0、R1 可位寻址
08H	1 区	
10H	2 区	
1FH	3 区	
20H	位寻址区 00H～7FH	全部可位寻址，共 16 个字节、128 位
2FH		
30H	数据缓冲区、堆栈区、工作单元	只能字节寻址
7FH		
80H	特殊功能寄存器区（SFR）	可字节寻址，也可位寻址
FFH		

00H～1FH 共 32 个单元被均匀地分为四块，每块包含八个 8 位寄存器，均以 R0～R7 来命名，常称这些寄存器为通用寄存器。这四块中的寄存器都称为 R0～R7，那么在程序中怎么区分和使用它们呢？聪明的 Intel 工程师们又安排了一个寄存器——程序状态字寄存器（PSW）来管理它们，CPU 只要定义这个寄存器 PSW 的第 3 和第 4 位（RS0 和 RS1），即可选中这四组通用寄存器。对应的编码关系如表 1.4 所示。

表 1.4 通用寄存器区

RS1	RS0	R0	R1	R2	R3	R4	R5	R6	R7
0	0	00H	01H	02H	03H	04H	05H	06H	07H
0	1	08H	09H	0AH	0BH	0CH	0DH	0EH	0FH
1	0	10H	11H	12H	13H	14H	15H	16H	17H
1	1	18H	19H	1AH	1BH	1CH	1DH	1EH	1FH

内部 RAM 的 20H～2FH 单元为位寻址区，既可作为一般单元用字节寻址，也可对它们的位进行寻址。位寻址区共有 16 个字节，128 个位，位地址为 00H～7FH。位地址分配如表 1.5 所示，CPU 能直接寻址这些位，执行如置"1"、清"0"、求"反"、转移、传送和逻辑等操作。我们常称 8051 单片机具有布尔处理功能，布尔处理的存储空间指的就是这些位寻址区，见表 1.5。

表 1.5 RAM 位寻址区地址表

单元地址	MSB			位地址				LSB
2FH	7FH	7EH	7DH	7CH	7BH	7AH	79H	78H
2EH	77H	76H	75H	74H	73H	72H	71H	70H
2DH	6FH	6EH	6DH	6CH	6BH	6AH	69H	68H
2CH	67H	66H	65H	64H	63H	62H	61H	60H
2BH	5FH	5EH	5DH	5CH	5BH	5AH	59H	58H
2AH	57H	56H	55H	54H	53H	52H	51H	50H
29H	4FH	4EH	4DH	4CH	4BH	4AH	49H	48H
28H	47H	46H	45H	44H	43H	42H	41H	40H
27H	3FH	3EH	3DH	3CH	3BH	3AH	39H	38H
26H	37H	36H	35H	34H	33H	32H	31H	30H
25H	2FH	2EH	2DH	2CH	2BH	2AH	29H	28H
24H	27H	26H	25H	24H	23H	22H	21H	20H
23H	1FH	1EH	1DH	1CH	1BH	1AH	19H	18H
22H	17H	16H	15H	14H	13H	12H	11H	10H
21H	0FH	0EH	0DH	0CH	0BH	0AH	09H	08H
20H	07H	06H	05H	04H	03H	02H	01H	00H

2. 特殊功能寄存器

特殊功能寄存器（SFR）也称为专用寄存器，特殊功能寄存器反映了 8051 单片机的运行状态。很多功能也通过特殊功能寄存器来定义和控制程序的执行。

8051 单片机有 21 个特殊功能寄存器，它们被离散地分布在内部 RAM 的 80H～FFH 地址中，这些寄存器的功能已做了专门的规定，用户不能修改其结构。表 1.6 是特殊功能寄存器分布一览表。下面对其主要的寄存器做一些简单的介绍。

第 1 章　单片机概述 9

表 1.6　特殊功能寄存器分布

标识符号	地址	寄存器名称
ACC	E0H	累加器
B	F0H	B 寄存器
PSW	D0H	程序状态字寄存器
DPTR	82H、83H	数据指针（16 位）
SP	81H	堆栈指针
IE	A8H	中断允许控制寄存器
IP	B8H	中断优先控制寄存器
P0	80H	I/O 口 0 寄存器
P1	90H	I/O 口 1 寄存器
P2	A0H	I/O 口 2 寄存器
P3	B0H	I/O 口 3 寄存器
PCON	87H	电源控制及波特率选择寄存器
SCON	98H	串行口控制寄存器
SBUF	99H	串行数据缓冲器
TCON	88H	定时控制寄存器
TMOD	89H	定时器方式选择寄存器
TH0	8CH	定时器 0 的高 8 位
TL0	8AH	定时器 0 的低 8 位
TH1	8DH	定时器 1 的高 8 位
TL1	8BH	定时器 1 的低 8 位

1）程序计数器（PC）

程序计数器在物理上是独立的，它不属于特殊内部数据存储器块中。PC 是一个 16 位的计数器，用于存放一条要执行的指令地址，寻址范围为 64 KB，PC 有自动加 1 功能，即完成了一条指令的执行后，其内容自动加 1。PC 本身并没有地址，因而不可寻址，用户无法对它进行读写，但是可以通过转移、调用、返回等指令改变其内容，以控制程序按要求去执行。

2）累加器（ACC）

累加器 A 是一个最常用的专用寄存器，大部分单操作指令的一个操作数取自累加器，很多双操作数指令中的一个操作数也取自累加器。加、减、乘、除运算的指令，运算结果都存放于累加器 A 和寄存器 B 中。大部分的数据操作都会通过累加器 A 进行，它形象于一个交通要道，在程序比较复杂的运算中，累加器成了制约软件效率的"瓶颈"，它的功能较多，地位也十分重要。以至于后来发展的单片机，有的集成了多累加器结构，或者使用寄存器阵列来代替累加器，即赋予更多寄存器以累加器的功能，目的是解决累加器的"交通堵塞"问题。提高单片机的软件效率。

3）寄存器 B

在乘除法指令中，乘法指令中的两个操作数分别取自累加器 A 和寄存器 B，其结果存放于累加器 A 和寄存器 B 中。除法指令中，被除数取自累加器 A，除数取自寄存器 B，结果商存放于累加器 A，余数存放于寄存器 B 中。

4）程序状态字（PSW）

程序状态字是一个 8 位寄存器，用于存放程序运行的状态信息，这个寄存器的一些位可由软件设置，有些位则由硬件运行时自动设置。

5）数据指针（DPTR）

数据指针为 16 位寄存器，编程时，既可以按 16 位寄存器来使用，也可以按两个 8 位寄存器来使用，即高位字节寄存器 DPH 和低位字节寄存器 DPL。

DPTR 主要用来保存 16 位地址，当对 64 KB 外部数据存储器寻址时，可作为间址寄存器使用，此时，使用如下两条指令：

```
MOVX A,@DPTR
MOVX @DPTR,A
```

在访问程序存储器时，DPTR 可用来作基址寄存器，采用基址+变址寻址方式访问程序存储器，这条指令常用于读取程序存储器内的表格数据。

```
MOVC A,@A + DPTR
```

6）堆栈指针（SP）

堆栈是一种数据结构，它是一个 8 位寄存器，它指示堆栈顶部在内部 RAM 中的位置。系统复位后，SP 的初始值为 07H，使得堆栈实际上是从 08H 开始的。但从 RAM 的结构分布中可知，08H～1FH 隶属 1～3 工作寄存器区，若编程时需要用到这些数据单元，必须对堆栈指针 SP 进行初始化，原则上设在任何一个区域均可，但一般设在 1FH～30H 范围较为适宜。

数据被写入堆栈称为入栈（PUSH，有些文献也称作插入运算或压入），从堆栈中取出数据称为出栈（POP，也称为删除运算或弹出），堆栈的最主要特征是"后进先出"规则，也即最先入栈的数据放在堆栈的最底部，而最后入栈的数据放在栈的顶部，因此，最后入栈的数据出栈时则是最先的。这和往一个箱里存放书本一样，如果需将最先放入箱底部的书取出，必须先取走最上层的书籍，非常相似这个道理。

那么堆栈有何用途呢？堆栈的设立是为了中断操作和子程序的调用而用于保存数据，即常说的断点保护和现场保护。微处理器无论是在转入子程序还是中断服务程序的执行，执行完后，都要回到主程序中来，在转入子程序和中断服务程序前，必须先将现场的数据保存起来，否则返回时，CPU 并不知道原来的程序执行到哪一步，原来的中间结果如何。所以在转入执行其他子程序前，先将需要保存的数据压入堆栈中保存，以备返回时，再复原当时的数据，供主程序继续执行。

转入中断服务程序或子程序时，需要保存的数据可能有若干个，都需要一一地保留。如果微处理器进行多重子程序或中断服务程序嵌套，那么需保存的数据就更多，这要求堆栈还需要有相当的容量。否则会造成堆栈溢出，丢失应备份的数据。轻则使运算和执行结果错误，重则使整个程序紊乱。

8051 单片机的堆栈是在 RAM 中开辟的，即堆栈要占据一定的 RAM 存储单元。同时 8051 单片机的堆栈可以由用户设置，SP 的初始值不同，堆栈的位置则可以设置为不同，不同的设计人员，使用的堆栈区则不同；不同的应用要求，堆栈要求的容量也有所不同。堆栈的操作只有两种,即进栈和出栈,但不管是向堆栈写入数据还是从堆栈中读出数据,都是对栈顶单元进行的,SP 就是即时指示出栈顶的位置(即地址)。在子程序调用和中断服务程序响应的开始和结束期间,CPU 都是根据 SP 指示的地址与相应的 RAM 存储单元交换数据。

堆栈的操作有两种方法:其一是自动方式,即在中断服务程序响应或子程序调用时,返回地址自动进栈。当需要返回执行主程序时,返回的地址自动交给 PC,以保证程序从断点处继续执行,这种方式是不需要编程人员干预的。其二是人工指令方式,使用专有的堆栈操作指令进行进出栈操作,也只有两条指令:进栈为 PUSH 指令,在中断服务程序或子程序调用时作为现场保护;出栈操作为 POP 指令,用于子程序完成时,为主程序恢复现场。

7) I/O 口专用寄存器(P0、P1、P2、P3)

I/O 口寄存器 P0、P1、P2 和 P3 分别是 8051 单片机的四组 I/O 口锁存器。8051 单片机并没有专门的 I/O 口操作指令,而是把 I/O 口也当作一般的寄存器来使用,数据传送都统一使用 MOV 指令来进行,这样的好处在于,四组 I/O 口还可以当作寄存器直接寻址方式参与其他操作。

8) 定时器/计数器(TL0、TH0、TL1 和 TH1)

8051 单片机中有两个 16 位的定时器/计数器 T0 和 T1,它们由四个 8 位寄存器组成,两个 16 位定时器/计数器却是完全独立的。可以单独对这四个寄存器进行寻址,但不能把 T0 和 T1 当作 16 位寄存器来使用。

9) 定时器/计数器方式选择寄存器(TMOD)

TMOD 寄存器是一个专用寄存器,用于控制两个定时器/计数器的工作方式,TMOD 可以用字节传送指令设置其内容,但不能位寻址。更详细的内容将在后述章节中叙述。

10) 串行数据缓冲器(SBUF)

串行数据缓冲器 SBUF 用来存放需发送和接收的数据,它由两个独立的寄存器组成,一个是发送缓冲器,另一个是接收缓冲器,要发送和接收的操作其实都是对串行数据缓冲器进行的。

除了以上简述的几个专用寄存器外,还有 IP、IE、TCON、SCON 和 PCON 等几个寄存器,这几个控制寄存器主要用于中断和定时使用,将在后述章节中详细说明。

对专用寄存器的字节寻址问题做如下几点说明:

(1) 21 个可字节寻址的专用寄存器是不连续地分散在内部 RAM 高 128 单元之中,尽管还余有许多空闲地址,但用户并不能使用。

(2) 程序计数器 PC 不占据 RAM 单元,它在物理上是独立的,因此是不可寻址的寄存器。

(3) 对专用寄存器只能使用直接寻址方式,书写时既可使用寄存器符号,也可使用寄存器。

与 PC 机不同,51 单片机不使用线性编址,特殊寄存器 RAM 使用重复的地址。但访问时采用不同的指令,所以并不会占用 RAM 空间。

3. 外部数据读写存储器

8051 单片机的存储器与外设采用的是统一编址,而外部数据存储区的寻址空间为 64 KB (0x0000~0xFFFF),因为是统一编址,故 8051 单片机对外部数据存储器的读写操作,既可以是对 I/O 口操作,也可以对存储单元操作,从指令中是无法区分的,只有通过实际硬件才能进行区分。

外部数据存储器最大可扩充为 64 KB，这比内部数据存储器要大很多，但外部数据存储器的读写速度比内部数据存储器要慢很多。

1.2.3 单片机片内资源

一、并行口

8051 的芯片引脚中没有专门的地址总线和数据总线，在向外扩展存储器和接口时，由 P2 口输出地址总线的高 8 位 A15～A8，由 P0 口输出地址总线的低 8 位 A7～A0，同时对 P0 口采用总线复用技术，P0 口兼作 8 位双向数据总线 D7～D0，即由 P0 口分时输出低 8 位地址或输入/输出 8 位数据，在不作总线扩展时，P0 口、P2 口和 P3 可以作为普通 I/O 口使用。P1 口只能用作 I/O 口。

1. 51 单片机 P0 口介绍

P0.0～P0.7 是 P0 口的 8 位双向口线。第一功能是作为基本输入/输出口使用；第二功能是在系统扩展时，分时作为数据总线和低 8 位地址总线。

这里重点介绍一下 P0 口的结构及其工作过程：P0 口的 1 位（例如：P0.0）结构如图 1.4 所示。

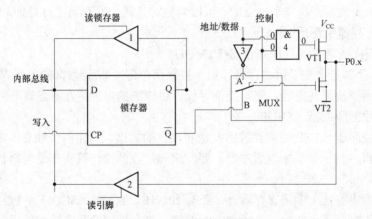

图 1.4　P0 口电路逻辑图

它由一个输出锁存器、两个三态锁存器（1、2）、输出控制电路［一个非门（3）、一个与门（4）、一个多路控制开关（MUX））、输出驱动电路（两只场效应管］组成。

功能一：做基本 I/O 口使用。

CPU 发出的控制信号为低电平时，使多路控制开关 MUX 接通 B 端，即与输出锁存器的 $\overline{Q}$ 端连接，同时使与门输出为低电平，场效应管 VT1 截止。

当 P0 输出数据时，写信号加在锁存器的 R 引脚上，内部总线上的数据通过 S 脚由锁存器的 $\overline{Q}$ 端反相输出到 VT2 的栅极。若内部总线上数据为 1，则 VT2 栅极为 0，此时 VT2 截止，VT2 处于漏极开路的开漏状态，因此为了保证 P0.0 输出高电平，必须外接上拉电阻，否则 P0 端口不能正常工作。若内部总线上数据为 0，则 VT2 栅极为 1，此时 VT2 导通，P0.0 输出低电平。

当 P0 输入数据时，分为读引脚和读锁存器两种方式，分别用到两个输入缓冲器。

读引脚操作，即单片机执行端口输入指令（如 MOV A，P0）时的操作。这时由"读引脚"信号将三态缓冲器 2 打开，引脚上的数据经三态缓冲器 2 输入到内部总线。

读锁存器操作，即单片机执行"读—修改—写"类指令（如 ANL A，P0）时的操作。在执行这类指令时，由"读锁存器"信号使三态锁存器 1 打开，读入 P0 口在锁存器中的数据，然后与累加器 A 中的数据进行逻辑运算，再将结果写回到 P0 口。这类操作不直接从 P0 口引脚上读入数据，而是从锁存器 Q 端读数据，其目的是防止出错，确保得到正确结果。

功能二：系统扩展时分时作为数据总线和低 8 位地址总线。

此时控制信号为高电平，多路控制开关 MUX 接通 A 端，且与门的输出由地址/数据端的状态决定。

2. 51 单片机 P1 口介绍

P1.0～P1.7 为 P1 口的 8 位双向口线，用于完成 8 位数据的并行输入/输出。

P1 口内部结构及其功能描述如图 1.5 所示。这是 P1 口内部 1 位的电路结构，与 P0 口内部结构电路比较可发现：P1 口只是一个标准的准双向端口，无第二功能。

P1 口内部取消了上拉的 FET，而以一个上拉电阻代替；但此内部上拉电阻阻值较

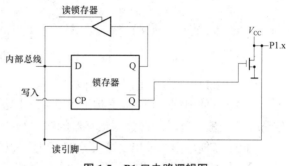

图 1.5　P1 口电路逻辑图

大，故上拉驱动能力较弱，除了有低功耗要求的应用系统外，最好外接 10 kΩ 左右的上拉电阻。

P1 口内部下拉 FET 仍存在，因此 P1 口在作为输入时，仍需先向端口数据锁存器输出 1，使输出驱动 FET 截止，保证数据读入的正确性。

3. 51 单片机 P2 口介绍

P2.0～P2.7 为 P2 口的 8 位双向口线，第一功能是作为基本输入/输出口使用；第二功能是在系统扩展时作为高 8 位地址总线使用。

P2 口内部结构及其功能描述如图 1.6 所示。

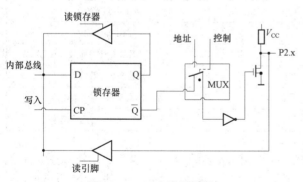

图 1.6　P2 口电路逻辑图

这是 P2 口内部 1 位的电路结构。注意与 P0 口结构的不同之处。

第一功能：当 P2 口作为通用 I/O 口使用时，单片机控制二选一复用器倒向 P2.x 锁存器的 Q 端，此时 P2 口的功能和使用方法都类似于 P1 口；系统复位时，端口锁存器自动置"1"，输出的下拉驱动器截止，P2 口可直接作为输入口使用。

第二功能：P2 在系统扩展外围总线时输出高 8 位地址，此时 P2 口不可作为通用 I/O 端口使用；P2 口输出高 8 位地址时，硬件电路自动设置"控制"线使二选一复用器倒向"地址"端，使输出的高 8 位地址输出到 P2.x 引脚。

4. 51 单片机 P3 口介绍

P3.0～P3.7 为 P3 口的 8 位双向口线，第一功能是作为基本输入/输出口使用；第二功能

如表 1.7 所示。P3 口内部结构及其功能描述如图 1.7 所示。

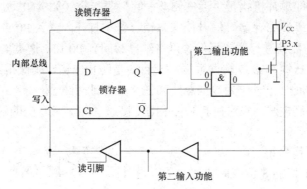

图 1.7　P3 口电路逻辑图

这是 P3 口内部 1 位的电路结构。注意与 P0 口结构的不同之处。

当 P3 口使用第一功能（通用 I/O 口）输出数据时，"第二输出功能"信号应保持高电平，使与非门开锁，此时端口数据锁存器的输出端 Q 可以控制 P3.x 引脚上的输出电平。

当 P3 口使用第二输出功能时，P3 口对应位的数据锁存器应置"1"，使与非门开锁，此时"第二输出功能"输出的信号可控制 P3.x 引脚上的输出电平；当 P3 口作为输入端口时，无论输入的是第一功能还是第二功能的信号，相应位的输出锁存器和"第二输出功能"信号都应保持为"1"，使下拉驱动器截止；输入部分有两个缓冲器，第二功能专用信息的输入取自和 P3.x 引脚直接相连的缓冲器，而通用 I/O 端口的输入信息则取自由"读引脚"信号控制的三态缓冲器的输入，经内部总线送至 CPU。

表 1.7　P3 口的每一位都有各自的第二功能

P3 口通道位	第二功能	注释
P3.0	RXD	串行输入口
P3.1	TXD	串行输出口
P3.2	$\overline{INT0}$	外部中断 0 输入
P3.3	$\overline{INT1}$	外部中断 1 输入
P3.4	T0	计数器 0 计数输入
P3.5	T1	计数器 1 计数输入
P3.6	$\overline{WR}$	外部数据 RAM 写选通信号
P3.7	$\overline{RD}$	外部数据 RAM 读选通信号

初学时往往对 P0 口、P2 口和 P3 口的第二功能用法迷惑不解，认为第二功能和原功能之间要有一个切换的过程，或者说要有一条指令，事实上，各端口的第二功能完全是自动的，不需要用指令来转换。如 P3.6、P3.7 分别是 $\overline{WR}$、$\overline{RD}$ 信号，当微处理机外接 RAM 或有外部 I/O 口时，它们被用作第二功能，不能作为通用 I/O 口使用，只要微处理机一执行到 XBYTE 指令，就会有相应的信号从 P3.6 或 P3.7 送出，不需要事先用指令说明。事实上"不能作为通用 I/O 口使用"也并不是"不能"而是（使用者）"不会"将其作为通用 I/O 口使用。当然

完全可以在指令中安排一条"P3.7=1"的指令,并且当单片机执行到这条指令时,也会使 P3.7 变为高电平,但使用者不会这么去做,因为这通常会导致系统的崩溃(即死机)。

二、串行口

8051 单片机内部有一个可编程的、全双工的串行接口,串行收发存储在特殊功能寄存器 SFR 中的串行数据缓冲器 SBUF 中的数据,SBUF 占用内部 RAM 地址 99H。

但在机器内部,实际上有两个数据缓冲器:发送缓冲器和接收缓冲器,因此,可以同时保留收/发数据,进行收/发操作,但收/发操作都是对同一地址 99H 进行的。

三、定时器/计数器

8051 内部有两个 16 位可编程定时器/计数器,记为 T0 和 T1,最大计数值为 $2^{16}-1$;可编程是指它们的工作方式由指令来设定,或者当计数器用,或者当定时器用,并且计数(定时)的范围也可以由指令来设置。这种控制功能是通过定时器方式控制寄存器 TMOD 来完成的。

定时器在计到规定的定时值时可以向 CPU 发出中断申请,从而完成某种定时控制功能。在计数状态下同样也可以申请中断,定时控制寄存器 TCON 用来负责定时器的启动、停止以及中断管理。

在定时工作时,时钟由单片机内部提供,即系统时钟经过 12 分频后作为定时器的时钟。计数工作时,时钟脉冲(计数脉冲)由 T0 和 T1(即 P3.4、P3.5)输入。

四、中断系统

8051 的中断系统允许接收 5 个独立的中断源,即两个外部中断申请,两个定时器/计数器中断以及一个串行口中断。

外部中断申请通过 $\overline{INT0}$ 和 $\overline{INT1}$(即 P3.2 和 P3.3)输入,输入方式可以是电平触发(低电平有效),也可以是边沿触发(下降沿有效)。两个定时器中断请求是定时器溢出时向 CPU 提出的,即当定时器由状态全 1 转为全 0 时发出的。第五个中断请求是由串行口发出的,串行口每发送完一个数据或接收完一个数据,就可提出一次中断申请。

8051 单片机可以设置两个中断优先级,即高优先级和低优先级,由中断优先控制寄存器 IP 来控制。

五、单片机的工作方式

单片机的工作方式包括:复位方式、程序执行方式、单步执行方式、低功耗操作方式以及 EPROM 编程和校验方式。

1. 复位方式

RST 引脚是复位信号的输入端。复位信号是高电平有效,高电平有效的持续时间应为 24 个振荡周期以上,若时钟频率为 6 MHz,则复位信号至少应持续 4 μs 以上,才可以使单片机复位,复位以后,07H 写入栈指针 SP,P0~P3 口均置"1"(允许输入),程序计数器 PC 和其他特殊功能寄存器 SFR 全部清零。只要该脚保持高电平,8051 单片机便循环复位。当 RST 端由高变低后,8051 单片机由 ROM 的 0000H 开始执行程序。8051 单片机的复位操作不影响内部 RAM 的内容。当 V_{CC} 端加电后,RAM 的内容是随机的。

单片机的复位方式有上电自动复位和手工复位两种。

只要 V_{CC} 上升时间不超过 1 ms,通过在 V_{CC} 和 RST 引脚之间加一个 10 μF 的电容,就可以实现自动上电复位,即打开电源就可以自动复位。

2. 程序执行方式

程序执行方式是单片机的基本工作方式。所执行的程序可以在内部 ROM、外部 ROM 或者同时放在内外 ROM 中，若程序放在外部 ROM 中（如对 8031），则应使 EA=0；否则可令 EA=1。由于复位之后 PC=0000H，所以程序总是从地址 0000H 开始的，通常在 0000H 单元开始存放一条转移指令，从而使程序跳转到真正的程序入口地址。

3. 单步执行方式

单步执行方式是使程序的执行处于外加脉冲（通常用一个按键产生）的控制下，一条指令一条指令地执行，即按一次键，执行一条指令。

单步执行方式可以利用 8051 的中断控制来实现。其中断系统规定：从中断服务程序返回以后至少要执行一条指令后才能重新进入中断。将外加脉冲加到 $\overline{INT0}$ 端输入，平时为低电平，通过编程规定 $\overline{INT0}$ 信号是低电平有效，因此不来脉冲时总是处于响应中断的状态，在中断服务程序中要安排这样的指令。

4. 低功耗操作方式

CMOS 型单片机有两种低功耗操作方式：节电操作方式和掉电操作方式。在节电方式时，CPU 停止工作，而 RAM、定时器、串行口和中断系统继续工作；在掉电方式时，仅给片内 RAM 供电，片内所有其他的电路均不工作。

5. EPROM 编程和校验方式

对于内部集成有 EPROM 的 8051 单片机，可以进入编程或校验方式。

进行内部 EPROM 编程时，时钟频率应在 4～6 MHz 的范围内，其余有关引脚的接法和用法如下：

P1 口和 P2 口的 P2.0～P2.3 为 EPROM 的 4K 的高地址输入，P1 口为低 8 位地址；

P2.4～P2.6 以及 $\overline{PSEN}$ 应为低电平；

P0 口为编程数据输入；

P2.7 和 RST 应为高电平，RST 的高电平可为 2.5 V，其余的都以 TTL 的高低电平为准；

$\overline{EA}$/VPP 端加 +12.5 V 的编程脉冲，此电压要求稳定，不能大于 12.5 V，否则会破坏 EPROM；

在 $\overline{EA}$/VPP 出现正脉冲期间，$\overline{ALE/PROG}$ 端加上 50 ms 的负脉冲，完成一次写入。

习　题

1. 给出下列有符号数的原码、反码和补码（假设计算机字长为 8 位）。

　　+55　　　−79　　　−26　　　+119

2. 指明下列字符在计算机内部的表示形式。

Zhuxiaohui 120

3. 什么是单片机？单片机的主要特点是什么？单片机具有哪些突出优点？

4. 指明单片机的主要应用领域。

5. 什么是单片微型计算机？它与典型微型计算机在结构上有何区别？

6. MCS−51 设有 4 个并行 I/O 口（共 32 线），在使用时各有哪些特点与分工？简述各个并行 I/O 口的结构特点。

7. 何谓地址/数据分时复用总线？在什么情况下使用这种工作方式？
8. 何谓准双向并行 I/O 口？如何正确使用输入/输出操作？
9. 主机复位后，PC 的内容是什么？有何特殊含义？
10. 为什么说 MCS–51 单片机的存储器结构独特？这种结构有什么优点？
11. 简述 MCS–51 内部数据存储器的空间分配。访问外部数据存储器和程序存储器有什么本质区别？

第 2 章

C 语言与 8051

2.1 8051 的编程语言

C 语言作为一种非常方便的语言而得到广泛的应用，C 语言程序本身并不依赖于机器硬件系统，基本上不做修改就可根据单片机的不同较快地移植过来。

最好的单片机编程者应是由汇编语言转用 C 语言而不是原来用过标准 C 语言的人。

与汇编语言相比，C 语言有如下优点：

(1) 对单片机的指令系统不要求了解，仅要求对 8051 的存储器结构有初步了解；
(2) 对寄存器的分配、不同存储器的寻址及数据类型等细节可由编译器管理；
(3) 程序有规范的结构，可分为不同的函数，这种方式可使程序结构化；
(4) 具有将可变的选择与特殊操作组合在一起的能力，改善了程序的可读性；
(5) 关键字及运算函数可用近似人的思维过程方式使用；
(6) 编程及程序调试时间显著缩短，从而提高效率；
(7) 提供的库包含许多标准子程序，具有较强的数据处理能力；
(8) 已编好的程序容易植入新程序，因为 C 语言具有方便的模块化编程技术。

2.1.1 C51 编译器

各公司的编译器各有特点，其整体特性对照如表 2.1 所示。

表 2.1 各公司的编译器比较

编译器	版本	编译时间	存储模式	编译堆栈	浮点支持
American Automation	16.02.07	6'03	SML	NO	[1]
IAR	4.05A	2'03	TSCMLB	YES	YES
Avocet	1.3	1'47	SML	NO	YES
Bso/tasking	1.10	2'25	SAL	YES	YES
Keil	3.01	1'28	SAL	YES	YES
Intermetrics	3.32	2'52	SL [3]	NO	YES
MCC	1.7	[2]	SML	NO	NO
Dunfields	2.11	[2]	SL [4]	NO	NO

注：[1] 仅大规模浮点支持；[2] 不能编译所有测试程序；[3] 支持几种动态分配方案；[4] ROM 和 RAM 必须映像到同一地址空间。

C51 程序的开发过程如图 2.1 所示。

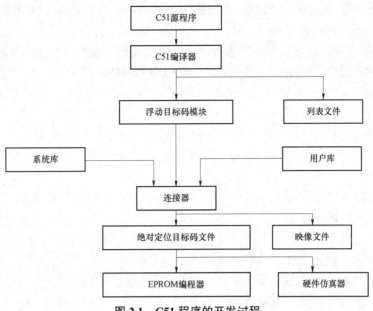

图 2.1　C51 程序的开发过程

2.1.2　C51 程序结构

1. C 语言程序的一般组成结构

```
全程变量说明
main()                    /*主函数*/
{
  局部变量说明；
  执行语句；
}
function_1(形式参数表)     /*函数1*/
{
  局部变量说明；
  执行语句；
}
······
function_n(形式参数表)     /*函数 n*/
形式参数说明；
{
  局部变量说明；
  执行语句；
}
```
函数

2. C51 程序的编程要点

（1）C 语言是由函数构成的。

一个 C 源程序至少包含一个函数（main），也可以包含一个 main 函数和若干其他函数。

（2）一个函数由两部分组成。

① 函数说明部分。包括函数名、函数类型、函数属性、函数参数（形参）名、形式参数类型。一个函数名后面必须跟一个圆括号，但可以没有参数。

② 函数体：

{

a：变量定义；

b：执行部分；

}

（3）一个 C 程序总是从 main 函数开始执行，而无论 main 函数在整个程序中的位置如何。

（4）C 程序书写格式自由。

一行内可以写几个语句，一个语句可以分写在多行上。C 程序无行号。

（5）每个语句和数据定义的最后必须有一个分号。

分号是 C 语句的必要组成部分。分号不可少，即使是程序中最后一个语句也应包含分号。

（6）C 语言本身没有输入、输出语句。

输入和输出的操作是由函数 sanf 和 printf 等函数来完成的。

（7）可以用"/*……*/"或"//"对 C 程序中的任何部分做注释。

一个好的、有使用价值的源程序都应加上必要的注释，以增加程序的可读性。

2.1.3 单片机调试应用

下面举两个例子，分别用汇编语言和 C 语言实现一个相同的功能。

例 2.1 把内部 RAM 30H 中的一个数据转换为压缩的 BCD 码，百位放入内部 31H 中，十位、个位放入 32H 中，编程实现之。

（1）汇编语言程序为：（注意：汇编语言程序不区分大小写）

```
Mov r0,#30h
Mov a,@r0
Mov b,#100
Div ab
Mov 31h,a
Mov a,b
Mov b,#10
Div ab
Swap a
Add a,b
Mov 32h,a
End
```

(2) C 语言程序为：（注意：C 语言程序严格区分大小写）

```
#include <reg51.h>      //对51中寄存器的定义的头函数
#include<absacc.h>      //对绝对地址的定义的头函数
void main()
{
unsigned int data a[20];
a[0] = 0xab;
a[1] = a[0]/100;        //百位
DBYTE[0x31] = a[1];     //百位存放入内部 RAM 31H 中
a[2] = a[0] – a[1]*100;
a[3] = a[2]/10;         //十位
a[4] = a[2] – a[3]*10;  //个位
a[2] = a[3]<<4;         //左移4次
a[2] = a[2] | a[4];     //得十位与个位值
DBYTE[0x32] = a[2];     //十位、个位的 BCD 码存放入内部 RAM 32H 中
while (1);
}
```

用 Keil 软件运行，其结果如图 2.2 所示。

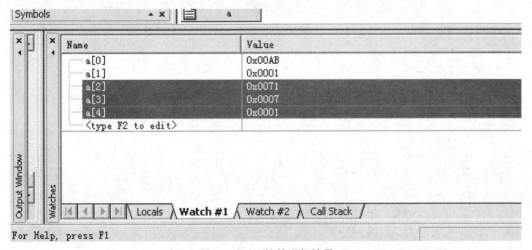

图 2.2 Keil 软件运行结果

例 2.1 运行结果：内部 30H 内容为 ABH，转换为压缩的 BCD 码为 01H 和 71H，即 171D，符合要求。

例 **2.2** 设在单片机内部 RAM 从 30H 开始的数据区中有 64 个无符号数，试编写一个程序使之按从小到大的顺序排列。

（1）汇编语言程序为：

```
        org 1000h
        mov r2,#3fh      ;(r2)为内循环计数初值
        mov r3,#3fh      ;(r3)为外循环计数初值
```

```
buff:   clr 7fh              ;交换标志7fh清零
        mov a,r3
        mov r2,a
        mov r0,#30h          ;置数据块地址指针
buloop: mov 20h,@r0          ;20H暂存第一操作数
        mov a,@r0            ;(A)为第一操作数
        inc r0               ;修改地址指针
        mov 21h,@r0          ;21H暂存第二操作数
        cjne a,21h,loop      ;(20H)和(21H)比较
        setb c               ;若相等，则按小于处理，不交换
loop:   jc bunext            ;若(20H)<=(21H)，跳到bunext，不交换
        mov @r0,20h          ;若(20H)>(21H)，则两者交换
        dec r0
        mov @r0,21h
        inc r0               ;恢复数据块指针
        setb 7fh             ;交换标志(2fH).7置"1"
bunext: djnz r2,buloop       ;若第一次冒泡未完，跳到buloop
        jnb buend            ;若交换标志位为0，跳到buend可结束
        djnz r3,buff         ;若交换标志位为1，且r3<>=0，则继续排序
buend:  sjmp $               ;结束
        end
```

（2）C语言程序为：

```
#include <reg51.h>
#include <absacc.h>
void main()
{
unsigned char data a[80] = {1,2,3,4,5,6,7,8,9,0,1,2,3,4,5,6,70},m;
unsigned char i,j,k;
for(i = 0;i<64;i ++ )
   for(j = i + 1;j<64;j ++ )
   if (a[i]>a[j]) {m = a[i];a[i] = a[j];a[j] = m;
}
for(i = 0;i<= 18;i ++ )
DBYTE[i + 0x30] = a[i];
while(1)
{}
}
```

用Keil软件运行，其结果如图2.3所示。

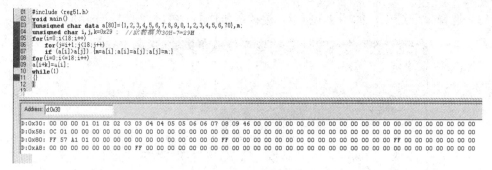

图 2.3 Keil 软件运行结果

由图 2.3 可知，其内部 RAM 30H～42H 中的数据达到排序的功能。由上述两个例子可知，用汇编语言编写的程序是很复杂的，但要了解 MCS-51 的汇编指令。因此使用 C 语言来实现单片机的功能是一种趋势，而其使用编译软件为 Keil C51 软件包。

2.2 单片机编译软件包 Keil C51 的使用

2.2.1 Keil C51 的使用方法

下述程序是实现将一个十六进制转换为压缩的 BCD 码的功能的程序，即例 2.1 程序。其编译步骤如下。

（1）启动 Keil C51 后，建立工程，其过程如图 2.4 所示。

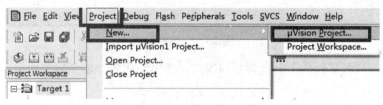

图 2.4 建立工程

即选择"Project"→"New"→"μVision Project"命令来建立工程。

（2）在相应的文件夹下，建一个工程项目，例如工程项目名为"z1"，如图 2.5 所示。

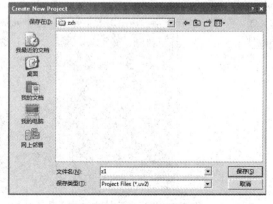

图 2.5 创建一个工程项目

（3）选择一个 CPU，如图 2.6 所示。注意：所选的 CPU 必须如系统相同的 CPU。

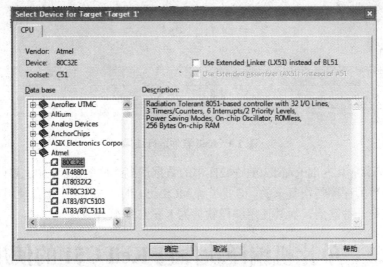

图 2.6　选择一个 CPU

（4）在下述提示后，选择"是"按钮，应答界面如图 2.7 所示。

图 2.7　应答界面

（5）当出现应答界面后，并且肯定问答后，即出现如图 2.8 所示界面，此为工程项目建立结束界面。

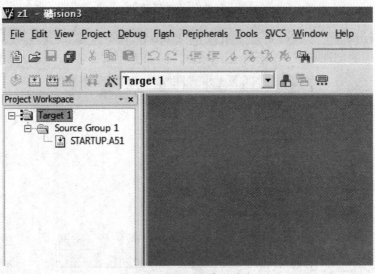

图 2.8　工程项目建立结束

(6)此时,在"Source Group 1"上按右键,出现图 2.9 所示界面,即向工程项目加入源程序。

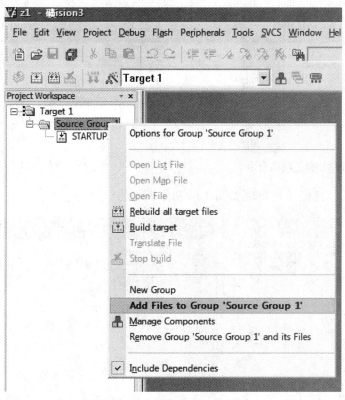

图 2.9　向工程项目加入源程序

注意:我们建议源程序用记事本输入,而不用 Keil C51 自带的编辑软件,此时源程序的扩展名为".c",且放在所建立的文件夹下,如图 2.10 所示。

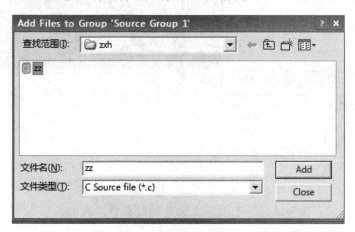

图 2.10　选择加入源程序

(7)把源程序加上后,如图 2.11 所示。
(8)按如图 2.12 所示的按钮进行编译。

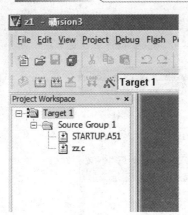
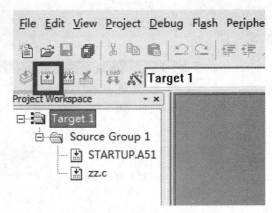

图 2.11 源程序加到工程项目中　　　　图 2.12 进行编译

如果没有错误，例 2.1 则出现如图 2.13 所示编译的结果。

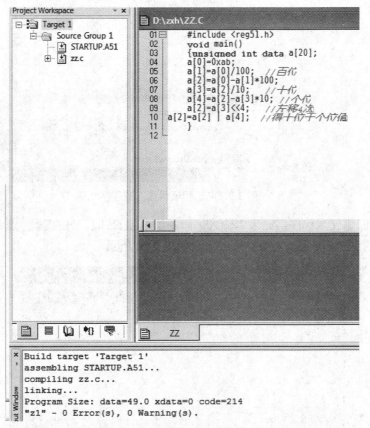

图 2.13 编译的结果

没错则可进行下一步调试，否则改正之，直到没有错误为止。

2.2.2 调试步骤

（1）当编译没有错误后，就按图 2.14 所示步骤进行程序调试，即选择"Debug"菜单下的"Start"按钮启动调试。

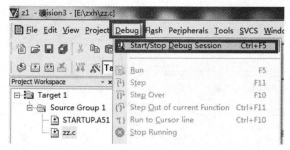

图 2.14 启动调试

调试窗口界面如图 2.15 所示。

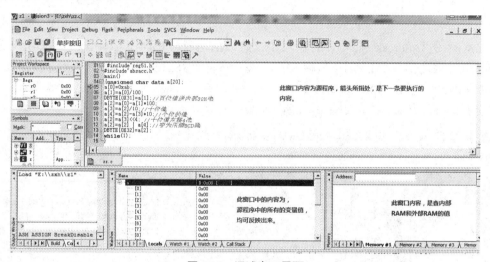

图 2.15 调试窗口界面

（2）调试程序时，一般采用单步执行方式。以例 2.1 为例，当按单步按钮后，如图 2.16 所示，可知执行到第 6 行，即 a[0]=0xab 时，而执行后的结果值 a[0]=0xab，即期望值与实际值相符，结果正确。

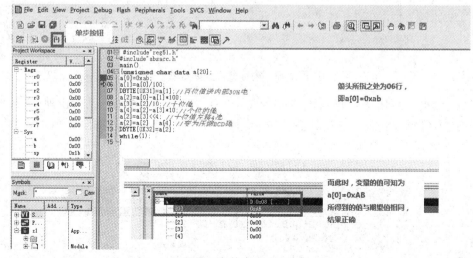

图 2.16 单步调试方法

(3) 整个程序执行后，可通过查询内存窗口查询结果，如图 2.17 所示。

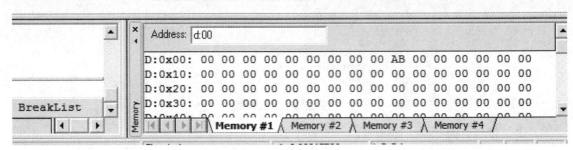

图 2.17　内存窗口

注意：在"Address"栏中，若输入 d:xx 代表的是内部 RAM，其中 xx 代表的是地址值，如 d:0x30 代表内部 RAM 30H。若输入 x:xxxx 代表的是外部 RAM，其中 xxxx 代表的是地址值，如 x:0x30 代表外部 RAM 30H。

用内存窗口查询结果，如图 2.18 所示。

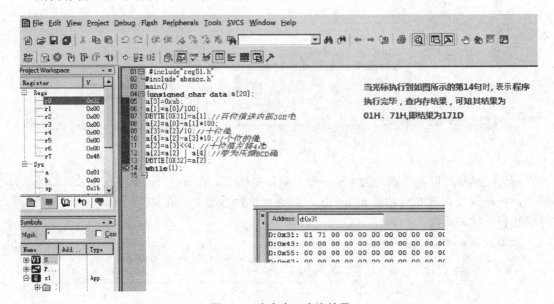

图 2.18　内存窗口查询结果

例 2.1 结果：0ABH 转换为压缩 BCD 码为 01H、71H，即 171D，结果正确。

查询中间结果的方法：单击如图 2.19 所示的按键（眼镜），出现如图 2.20 所示界面。

图 2.19　查询中间结果（1）

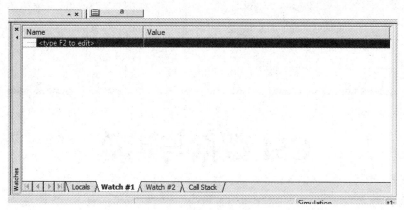

图 2.20　查询中间结果（2）

此时键入 F2 键，输入变量名，采用单步运行方式即可。

向内存置数的方法：在命令窗口中输入"E d:0x30＝0x31，0x32"，含义如下：

"E"代表 edit；

"d:"代表内部 RAM，若为"x:"则为外部 RAM；

"0x30"代表地址；

"0x31、0x32"代表地址 0x30 的值为 31H，后一个地址为 32H，即 31H 的内容为 32H。

习　题

1. 8051 单片机内部包含哪些主要逻辑功能部件？
2. $\overline{EA}$/VPP 引脚有何功用？8031 的引脚应如何处理？为什么？
3. 使用 Keil C51 软件，实现一个简单的 C51 程序，编程实现把内部 RAM 30H 中的数，与外部 RAM 30H 中的数相加，结果存放入内部 RAM 31H 中。
4. 判断下列程序的作用，并使用 KeilC51 软件来进行比较。

```
#include <reg51.h>
#include <absacc.h>
main( )
{
    while(1)
    {
    unsigned char a = 0xc3, b, c;   //无符号字符型
    int n = 2;
    b = a<<(8 - n);
    c = a>>n;
    a = c|b;
    XBYTE[0x30 + n] = a;
    }
}
```

第 3 章

C51 数据与运算

3.1 数据与数据类型

数据——具有一定合适的数字或数值。它是计算机的操作对象。

数据类型——数据的不同格式。

数据结构——数据按一定的数据类型进行的排列、组合、架构。

C51 的数据类型如图 3.1 所示。

KeilC51 编译器支持的数据类型有：位型（bit）、无符号字符型（unsigned char）、有符号字符型（signed char）、无符号整型（unsigned int）、有符号整型（signed int）、无符号长整型（unsigned long）、有符号长整型（signed long）、浮点型（float）和指针类型。表 3.1 是 KeilC51 编译器支持的数据类型、长度和值域。

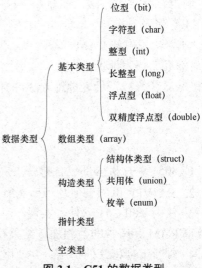

图 3.1 C51 的数据类型

表 3.1 KeilC51 编译器支持的数据类型

数据类型	长度/bit	长度/B	值域范围
bit	1	…	0，1
unsigned char	8	1	0～255
signed char	8	1	−128～127
unsigned int	16	2	0～65 535
signed int	16	2	−32 768～32 767
unsigned long	32	4	0～4 294 967 295
signed long	32	4	−2 147 483 648～2 147 483 647
float	32	4	±1.176E−38～±3.40E+38（6 位数字）
double	64	8	±1.176E−38～±3.40E+38（位数字）
一般指针	24	3	存储空间 0～65 535

3.1.1 常量和变量

常量——在程序运行过程中，其值不能改变的量。

变量——在程序运行中，其值可以改变的量；变量主要由两部分组成：变量名和变量值。

位变量——变量的类型是位；位变量的值可以是 1 或 0，与 8051 硬件特性操作有关的位变量必须定位在 8051 CPU 片内存储区（RAM）的可位寻址空间中。

字符变量——长度为 1 个字节，即 8 位。

整型变量——长度为 16 位，8051 将 int 型变量的 MSB 存放在低地址字节。如 0x1234 的存放方式为：

地址	
+0	0x12
+1	0x34

长整型变量——长度为 32 位，存放方式同 int 型。

浮点型变量——长度为 32 位。

3.1.2 C51 数据的存储类型与 8051 存储器结构

通用寄存器区（地址为 00H～1FH，共 32 个通用寄存器），可用寄存器名或直接字节地址寻址。

可位寻址区（地址为 20H～2FH，共 128 位）。

用户 RAM 区（地址为 30H～7FH），只能用字节地址寻址。

C51 存储类型与 8051 存储空间的对应关系如表 3.2 所示。

表 3.2 C51 存储类型与 8051 存储空间的对应关系

存储类型	与存储空间的对应关系
data	直接寻址片内数据存储区，访问速度快（128 B）
bdata	可位寻址片内数据存储区，允许位与字节混合访问（16 B）
idata	间接寻址片内数据存储区，可访问片内全部 RAM 地址空间（256 B）
pdata	分页寻址片外数据存储区（256 B）由"MOVX @R0"访问
xdata	片外数据存储区（64 KB），由"MOVX @DPTR"访问
code	代码存储区（64 KB），由"MOVC @DPTR"访问

C51 存储类型及其大小和值域的对应关系如表 3.3 表示。

表 3.3 C51 存储类型及其大小和值域的的对应关系

存储类型	长度/bit	长度/B	值域范围	
data	8	1	0～255	8 bit
idata	8	1	0～255	8 bit

续表

存储类型	长度/bit	长度/B	值域范围	
pdata	8	1	0~255	8 bit
code	16	2	0~65 535	16 bit
xdata	16	2	0~65 535	16 bit

C51 存储模式说明如表 3.4 表示。

表 3.4 C51 存储模式说明

存储模式	说明
SMALL	参数及局部变量放入可直接寻址的片内存储器（最大 128 B，默认存储类型是 data），因此访问十分方便，另外所有对象，包括栈，都必须嵌入片内 RAM，栈长很关键，因为实际栈长依赖于不同函数的嵌套层数
COMPACT	参数及局部变量放入分页片外存储区（最大 256 B，默认的存储类型是 pdata），通过寄存器 R0 和 R1（@R0，@R1）间接寻址，栈空间位于 8051 系统内部数据存储区中
LARGE	参数及局部变量直接放入片外数据存储区（最大 64 KB，默认存储类型为 xdata）使用数据指针 DPTR 来进行寻址。用此数据指针进行访问效率较低，尤其是对两个或多个字节的变量，这种数据类型的访问机制直接影响代码的长度。另一个方便之处在于这种数据指针不能对称操作

8051 特殊功能寄存器（SFR）及其 C51 定义：

8051 单片机片内有 21 个 SFR，其分布在片内 RAM 区高 128 B，地址为 80H~0FFH，对 SFR 操作只有用直接寻址方式。

8051 单片机中，除了程序计数器 PC 和 4 组通用寄存器组外，其他所有寄存器均称为 SFR，每个 SFR 和其地址见表 3.5，其中有 11 个寄存器具有位寻址能力。

表 3.5 每个 SFR 和其地址

SFR	MSB			位地址/位定义				LSB	字节地址
B									F0H
ACC									E0H
PSW	D7	D6	D5	D4	D3	D2	D1	D0	D0H
	CY	AC	F0	RS1	RS0	OV	F1	P	
IP	BF	BE	BD	BC	BB	BA	B9	B8	B8H
	—	—	—	PS	PT1	PX1	PT0	PX0	
P3	B7	B6	B5	B4	B3	B2	B1	B0	B0H
	P3.7	P3.6	P3.5	P3.4	P3.3	P3.2	P3.1	P3.0	
IE	AF	AE	AD	AC	AB	AA	A9	A8	A8H
	EA	—	—	ES	ET1	EX1	ET0	EX0	
P2									A0H
SBUF									99H
SCON	9F	9E	9D	9C	9B	9A	99	98	98H
	SM0	SM1	SM2	REN	TB8	RB8	TI	RI	
P1									90H

续表

SFR	MSB				位地址/位定义			LSB	字节地址
TH1									8DH
TH0									8CH
TL1									8BH
TL0									8AH
TMOD	GATE	C/T	M1	M0	GATE	C/T	M1	M0	89H
TCON	8F	8E	8D	8C	8B	8A	89	88	88H
	TF1	TR1	TF0	TR0	IE1	IT1	IE0	IT0	
PCON	SMOD				GF1	GF0	FD	IDL	87H
DPH									83H
DPL									82H
SP									81H
P0									80H

3.2　8051 内部资源及其 C51 定义

8051 单片机芯片内带有 4 个 8 位的并行口，共 32 根 I/O 线，每个口主要由四部分组成：端口锁存器（SFR 中的 P0～P3）、输入缓冲器、输出缓冲器以及引至芯片外的端口引脚，其中 P1、P2、P3 为准双向口，P0 为双向三态口。

8051 在向外扩展存储器和接口时，由 P2 口输出地址总线的高 8 位（A15～A8），由 P0 口输出地址总线的低 8 位（A7～A0）；同时对 P0 口采用了总线复用技术，P0 口兼作 8 位双向数据总线 D7～D0。

一、8051 片内资源及位变量

8051 单片机的内部高 128 B 为专用寄存器区，其中 51 子系列有 21 个（52 子系列有 26 个）特殊功能寄存器（SFR），它们离散地分布在这个区中，分别用于 CPU 并行口、串行口、中断系统、定时器/计数器等功能单元及控制和状态寄存器。

对 SFR 的操作，只能采用直接寻址方式。为了能直接访问这些特殊功能寄存器，KeilC51 扩充了两个关键字 "sfr" "sfr16"，可以直接对 51 单片机的特殊寄存器进行定义，这种定义方法与标准 C51 语言不兼容，只适用于对 8051 系列单片机 C51 编程。

sfr 特殊功能寄存器名=特殊功能寄存器地址常数；

sfr16 特殊功能寄存器名=特殊功能寄存器地址常数；

对于 8051 片内 I/O 口，定义方法如下：

```
sfr P1 = 0x90;  //定义P1口,地址为90H;
sfr P2 = 0xA0;  //定义P2口,地址为A0H。
```

sfr 后面是一个要定义的名字，要符合标识符的命名规则，名字最好有一定的含义，等号后面必须是常数，不允许有带运算符的表达式，而且该常数必须在特殊功能寄存器的地址范围之内（80H～FFH）。sfr 是定义 8 位的特殊功能寄存器，sfr16 用来定义 16 位特殊功能寄存器，如 8052 的 T2 定时器，可以定义为：

```
sfr16 T2 = 0xCC;  //这里定义8052定时器2,地址为T2L=CCH,T2H=CDH
```

用 sfr16 定义 16 位特殊功能寄存器时，等号后面是它的低位地址，高位地址一定要位于物理低位地址之上。需注意的是，sfr16 不能用于定时器 0 和 1 的定义。

对于需要单独访问 SFR 中的位，C51 的扩充关键字"sbit"可以访问位寻址对象。

"sbit"定义某些特殊位，并接受任何符号名，"="号后将绝对地址赋给变量名。

这种地址分配，有以下 3 种方法：

1. sbit 位变量名＝位地址

```
sbit P1_1 = 0x91;
```

这样是把位的绝对地址赋给位变量。

同 sfr 一样，sbit 的位地址必须位于 80H～FFH。

2. sbit 位变量名＝特殊功能寄存器名位位置

```
sfr P3 = 0xB0;
sbit P3_1 = P3^1;         //先定义一个特殊功能寄存器名,再指定位变量名所在的位置。
```

当可寻址位位于特殊功能寄存器中时可采用这种方法。

3. sbit 位变量名＝字节地址^位位置

```
sbit P3_1 = 0xB0^1;
```

C51 提供一个 bdata 的存储器类型，用于访问单片机的可位寻址区的数据，如：

```
unsigned char bdata age;    //在位址区定义unsigned char类型的变量age
int bdata score[2];         //在可位寻址区定义数组score[2]
sbit flag=age^7            //用关键字sbit定义位变量来独立访问可寻址位对象的其中一位
```

C51 提供关键字 bit 实现位变量的定义及访问，如：

```
bit flag;                  // 将flag定义为位变量
bit valve_state;           // 将valve_state定义为位变量
```

二、定义位变量的注意事项

通常 C51 编译器会将位变量分配在位寻址区的某一位。

定义位变量时应注意以下问题：

（1）位变量不能定义成一个指针，如不能定义：bit * POINTER。

（2）不能定义位数组，如不能定义：bit array[2]。

（3）bit 与 sbit 的不同。bit 不能指定位变量的绝对地址，当需要指定位变量的绝对地址（范围必须在 0x80～0xFF）时，需要使用 sbit 来定义。

例 3.1   sbit flag＝P1^0;

也可使用 sbit 访问可位寻址对象的位。

```
bdata char jj ;    // jj定义为bdata整型变量
int bdata sum[2];  /*在可位寻址区定义数组sum[2],也称为可寻址位对象*/
sbit mybit7=jj^7;     //mybit7定义为jj的第7位
sbit score12=sum[1]^12; // score12定义为sum[1]的第12位
```

可位寻址对象也可以字节寻址。

例 3.2　jj=0;　　　/*jj 赋值为 0 */

sbit 定义要求基址对象的存储类型为 bdata，否则只有绝对的特殊位定义（sbit）是合法的。位置（"^"操作符）后的最大值依赖于指定的访问对象型，对于 char、uchar 而言是 0~7，对于 int、uint 而言是 0~15。

3.3　运算符与表达式

3.3.1　赋值运算

利用赋值运算符将一个变量与一个表达式连接起来的式子为赋值表达式，在表达式后面加";"便构成了赋值语句。

使用"="的赋值语句格式如下：

变量 = 表达式；

例如：

a = 0x10;　//将常数十六进制数 10H 赋给变量 a
b = c = 2;　//同时将 2 赋值给变量 b, c
d = e;　//将变量 e 的值赋给变量 d
f = d-e;　//将变量 d-e 的值赋给变量 f

赋值语句的意义就是先计算出"="右边的表达式的值，然后将得到的值赋给左边的变量。而且右边的表达式可以是一个赋值表达式。

3.3.2　算术运算符及算术表达式

C51 中的算术运算符有如下几个，其中只有取正值和取负值运算符是单目运算符，其他则都是双目运算符，如表 3.6 所示。

表 3.6　双目运算符

运算符	运算结果
＋	加法运算符，或正值符号
－	减法运算符，或负值符号
*	乘法运算符
/	除法运算符
%	模（求余）运算符。例如 5%3 结果是 5 除以 3 所得的余数 2

用算术运算符和括号将运算对象连接起来的式子称为算术表达式。
运算对象包括常量、变量、函数、数组、结构体等。
算术表达式的形式：

表达式 1　算术运算符　表达式 2

例如：a + b, (x + 4)/(y-b), y - sin(x)/2。

3.3.3 算术运算的优先级与结合性

算术运算符的优先级规定为：先乘除模，后加减，括号最优先。乘、除、模运算符的优先级相同，并高于加减运算符。括号中的内容优先级最高。

> a + b*c;　// 乘号的优先级高于加号,故先运算 b*c,所得的结果再与 a 相加
> (a + b)*(c - d)-6;/*括号的优先级最高,乘号次之,减号优先级最低。故先运算(a + b)和(c - d),然后将二者的结果相乘,最后再与 6 相减*/

算术运算的结合性规定为自左至右方向，称为"左结合性"。即当一个运算对象两边的算术运算符优先级相同时，运算对象先与左面的运算符结合。

> a + b - c;　// b 两边是" + "" - "运算符,其优先级相同,按左结合性优先执行 a + b 再减 c

3.3.4 数据类型转换运算

当运算符两侧的数据类型不同时必须通过数据类型转换将数据转换成同种类型。转换的方式有两种：自动类型转换和强制类型转换。

自动类型转换由 C51 编译器编译时自动进行。

强制类型转换需要使用强制类型转换运算符，其格式为：

(类型名)(表达式);

例如：

> (double)xx　　　　// 将 xx 强制转换成 double 类型
> (int)(a + b)　　　// 将 a + b 的值强制转换成 int 类型

使用强制转换类型运算符后，运算结果被强制转换成规定的类型。

例如：

unsigned char x,y;
unsigned char z;
z= (unsigned char)(x*y);

3.3.5 关系运算与逻辑运算

关系运算符，如表 3.7 所示。

表 3.7　关系运算符

运算符	运算结果
<	小于
>	大于
<=	小于或等于
>=	大于或等于
==	等于
!=	不等于

关系运算符同样有着优先级别。前四个具有相同的优先级，后两个也具有相同的优先级，但是前四个的优先级要高于后两个。

关系运算符的结合性为左结合。

关系表达式就是用关系运算符把两个表达式连接起来。

关系表达式通常用来判别某个条件是否满足。

要注意的是用关系运算符的运算结果只有 0 和 1 两种，也就是逻辑的真与假，当指定的条件满足时结果为 1，不满足时结果为 0。

关系表达式结构如下：

表达式 1　关系运算符　表达式 2

例如：

```
a>b;        //若 a 大于 b,则表达式的值为 1(真)
b + c<a;    //若 a=3,b=4,c=5,则表达式的值为 0(假)
(a>b)==c;   //若 a=3,b=2,c=1,则表达式的值为 1(真)。因为 a>b 时值为 1,等于 c 值
c==5>a>b;   //若 a=3,b=2,c=1,则表达式的值为 0(假)
```

关系运算符反映两个表达式之间的大小等于关系，逻辑运算符则用于求条件式的逻辑值，用逻辑运算符将关系表达式或逻辑量连接起来就是逻辑表达式了。

C51 提供 3 种逻辑运算，如表 3.8 所示。

表 3.8　逻辑运算符

运算符	运算结果
&&	逻辑与
||	逻辑或
!	逻辑非

逻辑表达式的一般形式为：

逻辑与：条件式 1 && 条件式 2；

逻辑或：条件式 1 || 条件式 2；

逻辑非：! 条件式。

逻辑表达式的结合性为自左向右。逻辑表达式的值应该是一个逻辑值"真"或"假"，以 0 代表假，以 1 代表真。

逻辑表达式：用逻辑运算符将关系表达式或逻辑量连接起来的式子称为逻辑表达式。

逻辑表达式的运算结果不是 0 就是 1，不可能是其他值。

C51 逻辑运算符与算术运算符、关系运算符、赋值运算符之间优先级的次序：!（非）（优先级最高）、算术运算符、关系运算符、&&和||、赋值运算符（优先级最低）。

3.3.6　位运算

C51 语言直接面对 8051 单片机，对于 8051 单片机强大灵活的位处理能力也提供了位操作指令。C51 中共有 6 种位运算符，如表 3.9 所示。

表 3.9 位运算符

运算符	运算结果
&	按位与
|	按位或
^	按位异或
~	按位取反
<<	位左移
>>	位右移

位运算符的作用是按位对变量进行运算,但是并不改变参与运算的变量的值。
如果要求按位改变变量的值,则要利用相应的赋值运算。
应当注意的是位运算符不能对浮点型数据进行操作。
位运算一般的表达形式如下:
变量 1　位运算符　变量 2
位运算符也有优先级。从高到低依次是:"|"(按位或)→"^"(按位异或)→"&"(按位与)→">>"(右移)→"<<"(左移)→"~"(按位取反)。
"位取反"运算符"~"来对一个二进制数按位进行取反,即 0 变 1,1 变 0。
位左移运算符"<<"和位右移运算符">>"用来将一个数的各二进制位全部左移或右移若干位,移位后,空白位补 0,而溢出的位舍弃。
移位运算并不能改变原变量本身。

3.3.7　自增减运算及复合运算

1. 自增减运算

C51 提供自增运算"++"和自减运算"--",使变量值自动加 1 或减 1。
自增运算和自减运算只能用于变量表达式而不能用于常量表达式。
应当注意的是,"++"和"--"的结合方向是"自右向左"。
例如:

```
++i;    //在使用 i 之前,先使 i 值加 1
--i;    //在使用 i 之前,先使 i 值减 1
i++;    //在使用 i 之后,再使 i 值加 1
i--;    //在使用 i 之后,再使 i 值减 1
```

2. 复合运算

复合赋值运算符就是在赋值运算符"="的前面加上其他运算符。
以下是 C51 语言中的复合赋值运算符:

+ = 加法赋值　　　>>= 右移位赋值
- = 减法赋值　　　&= 逻辑与赋值
*= 乘法赋值　　　|= 逻辑或赋值
/= 除法赋值　　　^= 逻辑异或赋值

```
%=  取模赋值        ~= 逻辑非赋值
<<= 左移位赋值
```

3. 复合运算的一般形式

变量 复合赋值运算符 表达式

例如：

a + =3 等价于 a=a + 3

b/=a + 5 等价于 b=b/(a + 5)

习　题

1. 有哪些数据类型是 MCS–51 系列单片机直接支持的？
2. C51 特有的数据结构类型有哪些？
3. C51 的存储类型有几种？它们分别表示的存储器区域是什么？
4. C51 中 bit 位与 sbit 位有什么区别？
5. C51 通过绝对地址来访问的存储器有几种方式？
6. 在 C51 中，中断函数与一般函数有什么不同？
7. 按指定存储器类型和数据类型，写出下列变量的说明形式

```
char data var11
char idata var12
unsigned char xdata var13[4]
unsigned char *xdata  px
bit flag;
sfr p3=0xb0
sfr SCON=0x98
```

8. 设 $a=3$，$b=4$，$c=5$，写出下列关系表达式或逻辑表达式的结果

（1）a+b>c && b= =c   (   )

（2）a||b+c&&b−c   (   )

（3）!（a>b) && !c|| 1   (   )

（4）!（a+b) +c−1&&b+c/2   (   )

第 4 章

C51 流程控制语句

C51 语言是结构化编程语言。结构化编程语言的基本元素是模块,它是程序的一部分,只有一个出口和一个入口,不允许有偶然的中途插入或以模块的其他路径退出。

结构化编程语言在没有妥善保护或恢复堆栈和其他相关的寄存器之前,不应随便跳入或跳出一个模块。因此使用这种结构化语言进行编程,当要退出中断时,堆栈不会因为程序使用了任何可以接收的命令而崩溃。

结构化程序由若干模块组成,每个模块中包含着若干个基本结构,而每个基本结构中可以有若干条语句。

归纳起来,C51 程序有顺序结构、选择结构、循环结构共 3 种。

4.1 顺 序 结 构

顺序结构是一种最基本、最简单的编程结构。在这种结构中,程序由低地址向高地址顺序执行指令代码。如图 4.1 所示,程序先执行 A 操作,再执行 B 操作,两者是顺序执行的关系。

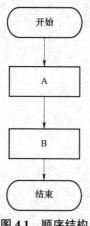

图 4.1 顺序结构

例 4.1 要求把内部 RAM 30H 中的一个压缩 BCD 码(如 97H),转换为十六进制数,并把该数存放入内部 RAM 31H,编程实现之。

```
#include <reg51.h>
```

```c
#include <absacc.h>
void main()
{
unsigned char data a[20];
DBYTE[0x30]=0x97;
a[0]=0x97;
a[2]=a[0];
a[1]=a[1]>>4;
a[1]=a[1]*10;
a[2]=a[2]&0x0F;
a[1]=a[1] + a[2];
DBYTE[0x31]=a[1];
while (1);
}
```

例 4.2 编写一个程序，实现这种功能：将内部 RAM 30H 中的一个字符从串行接口发送出去。

```c
#include <reg51.h>
#include <absacc.h>
main()
{
SCON=0x40;              //设置串行接口为工作方式
TMOD=0x20;              //定时器 T1 工作于模式 2
TL1=0xE8;               //设置波特率为 1 200 b/s
TH1=0xE8;
TR1=1;                  //启动 T1
SBUF=DBYTE[0x30];       //将绝对地址内部 RAM 30H 中的内容送到串行缓冲器中
T1=0;
while(1);
}
```

例 4.3 从串行接口接收一个字符，送入内部 RAM 30H 中。请编程实现此功能。

```c
#include <reg51.h>
#include <absacc.h>
main()
{
SCON=0x50;              // 串行接口工作于方式 1,允许接收
TMOD=0x20;              //定时器 T1 工作于模式 2
TL1=0xE8;               //设置波特率为 1 200 b/s
TH1=0xE8;
TR1=1;                  //启动 T1
```

```
k=1;
while(k)
{if RI==1  k=1;
 else k=0;}              //等待接收数据,若未接收到数据,继续等待
RI=0;                    //接收到数据,清 RI
DBYTE[0x30]=SBUF;        //将串行缓冲器中数据送到绝对地址内部 RAM 30H 中
while(1);
}
```

4.2 选 择 结 构

在选择结构中,程序首先对一个条件语句进行测试。当条件为"真"(True)时,执行一个方向上的程序流程;当条件为"假"(False)时,执行另一个方向上的程序流程。

4.2.1 if 语句的三种基本形式

C51 语言的 if 语句有三种基本形式。

1. 第一种形式(基本形式)

```
if(表达式)语句
```

其语义是:如果表达式的值为真,则执行其后的语句,否则不执行该语句,其过程如图 4.2 所示。

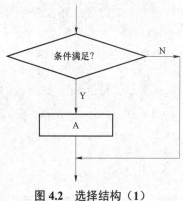

图 4.2 选择结构(1)

例 4.4 输入两个整数,输出其中的大数。请编程实现此功能。

```
#include <stdio.h>
void main()
{
int a,b,max;
printf("\n input two numbers: ");
scanf("%d%d",&a,&b);
max=a;
if(max<b)max=b;
```

```
printf("max=%d",max);
}
```

2. 第二种形式

```
if(表达式)
语句1;
else
语句2;
```

其语义是：如果表达式的值为真，则执行语句 A，否则执行语句 B。其过程如图 4.3 所示。

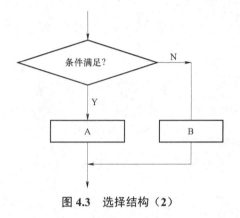

图 4.3　选择结构（2）

例 4.5　输入两个整数，输出其中的大数。改用 if-else 语句判别 a、b 的大小，若 a 大，则输出 a，否则输出 b。请编程实现此功能。

```
#include <stdio.h>
void main()
{
int a,b;
printf("input two numbers: ");
scanf("%d%d",&a,&b);
if(a>b)
    printf("max=%d\n",a);
else
    printf("max=%d\n",b);
}
```

例 4.6　从片内 RAM 30H 开始的单元中有一个十六进制数，请转换为 ASCII 码，高位存放在外部 RAM 30H 中，低位存放在外部 RAM 31H 中，编程实现之。

```
#include <reg51.h>
#include <absacc.h>
main()
{
unsigned char a,b,c;
```

```
    a=DBYTE[0x30];//把内部 RAM 30H 中的内容送给变量 a
    b=a;
    b=b>>4;  //变量 b 右移 4 次,得到字节高 4 位值
    if(b>9)b=b - 10 + 'A';//若该值大于 9,说明是字母,故采用公式减 10 加上字母 A 的 ASCII 码
    else b=b + 0x30;//若该值小于等于 9,说明是数字,则在数值基础上加上 30H 即得到相应的
ASCII 码
    c=a;
    c=c && 0x0F;//屏蔽该字节高 4 位,即得到字节低 4 位值,后面相同
    if(c>9)c=c - 10 + 'A';
    else c=c + 0x30;
    XBYTE[0x30]=b;  //将高位送入外部 RAM 30H 中
    XBYTE[0x31]=c;  //将低位送入外部 RAM 31H 中
    while(1);
}
```

3. 第三种形式（if-else-if 形式）

前两种形式的 if 语句一般都用于两个分支的情况。当有多个分支选择时,可采用 if-else-if 语句,其一般形式为:

```
if(表达式 1)
    语句 1;
    else if(表达式 2)
      语句 2;
    else if(表达式 3)
      语句 3;
      …
    else if(表达式 m)
      语句 m;
    else
      语句 n;
```

其语义是:依次判断表达式的值,当出现某个值为真时,则执行其对应的语句。然后跳到整个 if 语句之外继续执行程序。如果所有的表达式均为假,则执行语句 n。然后继续执行后续程序。

使用 if 语句应注意以下问题:

（1）在三种形式的 if 语句中,在 if 关键字之后均为表达式。该表达式通常是逻辑表达式或关系表达式,但也可以是其他表达式,如赋值表达式等,甚至也可以是一个变量。例如:"if（a=5）语句;""if（b）语句;"都是允许的。只要表达式的值为非 0,即为"真"。如在"if（a=5）…;"中,表达式的值永远为非 0,所以其后的语句总是要执行的,当然这种情况在程序中不一定会出现,但在语法上是合法的。

（2）在 if 语句中,条件判断表达式必须用括号括起来,在语句之后必须加分号。

(3) 在 if 语句的三种形式中，所有的语句应为单个语句，如果要想在满足条件时执行一组（多个）语句，则必须把这一组语句用"{}"括起来组成一个复合语句。但要注意的是在"}"之后不能再加分号。

(4) if 语句的嵌套。

当 if 语句中的执行语句又是 if 语句时，则构成了 if 语句嵌套的情形。其一般形式可表示如下：

```
if(表达式)
    if 语句；
```

或者为：

```
if(表达式)
    if 语句；
else
    if 语句；
```

在嵌套内的 if 语句可能又是 if-else 型的，这将会出现多个 if 和多个 else 重叠的情况，这时要特别注意 if 和 else 的配对问题。

4.2.2 switch-case 语句

C51 语言还提供了另一种用于多分支选择的 switch 语句，其一般形式为：

```
switch(表达式)
{
case  常量表达式 1：语句 1；
case  常量表达式 2：语句 2；
…
case  常量表达式 n：语句 n；
default ：语句 n + 1；
}
```

其语义是：计算表达式的值，并逐个与其后的常量表达式值相比较，当表达式的值与某个常量表达式的值相等时，即执行其后的语句，然后不再进行判断，继续执行后面所有 case 后的语句。如果表达式的值与所有 case 后的常量表达式均不相同时，则执行 default 后的语句。其执行流程图如图 4.4 所示。

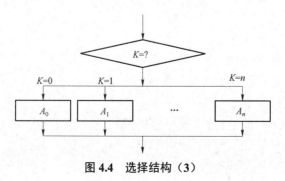

图 4.4 选择结构（3）

例 4.7　要求输入一个数字，则输出一个相应的英文单词。请编程实现此功能。

```c
#include "stdio.h"
void main()
{
  int a;
  printf("input integer number: ");
  scanf("%d",&a);
  switch(a)
  {
    case 1:printf("Monday\n");
    case 2:printf("Tuesday\n");
    case 3:printf("Wednesday\n");
    case 4:printf("Thursday\n");
    case 5:printf("Friday\n");
    case 6:printf("Saturday\n");
    case 7:printf("Sunday\n");
    default:printf("error\n");
  }
}
```

4.2.3　break 语句

C51 语言还提供了一种 break 语句，专用于跳出 switch 语句。break 语句只有关键字 break，没有参数。

例 4.8　修改例 4.7 题的程序，在每个 case 语句之后增加 break 语句，使每一次执行之后均可跳出 switch 语句，从而避免输出不应有的结果。

```c
#include "stdio.h"
void main()
{
  int a;
  printf("input integer number: ");
  scanf("%d",&a);
  switch(a)
  {
    case 1:printf("Monday\n");break;
    case 2:printf("Tuesday\n");break;
    case 3:printf("Wednesday\n");break;
    case 4:printf("Thursday\n");break;
    case 5:printf("Friday\n");break;
    case 6:printf("Saturday\n");break;
```

```
        case 7:printf("Sunday\n");break;
        default:printf("error\n");
    }
}
```

在使用 switch 语句时还应注意以下几点：
（1）在 case 后的各常量表达式的值不能相同，否则会出现错误。
（2）在 case 后，允许有多个语句，可以不用"{ }"括起来。
（3）各 case 和 default 子句的先后顺序可以变动，而不会影响程序执行结果。
（4）default 子句可以省略不用。

4.3 循 环 结 构

程序设计中，常常要求某一段程序重复执行多次，这时可采用循环结构程序。这种结构可大大简化程序，但程序执行的时间并不会减少。

图 4.5 是典型的当型循环结构，控制语句在循环体之前，所以在结束条件已具备的情况下，循环体程序可以一次也不执行，C51 提供了 while 和 for 语句实现这种循环结构。

图 4.6 中其控制部分在循环体之后，因此，即使在执行循环体程序之前结束条件已经具备，循环体程序至少还要执行一次，因此称为直到型循环结构，C51 提供了 do-while 语句实现这种循环结构。

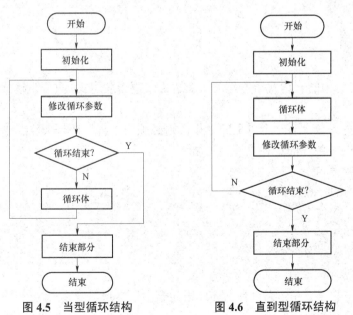

图 4.5 当型循环结构　　图 4.6 直到型循环结构

循环程序一般包括以下 4 个部分：
（1）初始化：置循环初值，即设置循环开始的状态，比如设置地址指针、设定工作寄存器、设定循环次数等。
（2）循环体：这是要重复执行的程序段，是循环结构的基本部分。
（3）循环控制：循环控制包括修改指针、修改控制变量和判断循环是否结束还是继续，修改指针和变量是为下一次循环判断做准备，当符合结束条件时，结束循环；否则，继续循环。

（4）结束：存放结果或做其他处理。

在循环程序中，有两种常用的控制循环次数的方法：

一种是循环次数已知，这时把循环次数作为循环计算器的初值，当计数器的值加满或减为 0 时，即结束循环；否则，继续循环。

另一种是循环次数未知，这时可根据给定的问题条件来判断是否继续。

一、while 语句

while 语句的一般形式为：

```
while(表达式) 语句;
```

其中表达式是循环条件，语句为循环体。

while 语句的语义是：计算表达式的值，当值为真（非 0）时，执行循环体语句。其执行过程可用图 4.5 表示。

例 4.9 统计从键盘输入一行字符的个数。请编程实现此功能。

```c
#include <stdio.h>
void main()
{
    int n=0;
    printf("input a string:\n");
    while(getchar()!='\n')n + + ;
    printf("%d",n);
}
```

（1）while 语句中的表达式一般是关系表达式或逻辑表达式，只要表达式的值为真（非 0）即可继续循环。

（2）循环体如果包括有一个以上的语句，则必须用"{}"括起来，组成复合语句。

（3）应注意循环条件的选择以避免死循环。

二、do-while 语句

do-while 语句的一般形式为：

```
do
    语句;
while(表达式);
```

其中语句是循环体，表达式是循环条件。

do-while 语句的语义是：先执行循环体语句一次，再判别表达式的值，若为真（非 0）则继续循环，否则终止循环。

do-while 语句和 while 语句的区别在于 do-while 是先执行后判断，因此 do-while 至少要执行一次循环体。而 while 是先判断后执行，如果条件不满足，则循环体语句一次也不执行。

while 语句和 do-while 语句一般都可以相互改写。

三、for 语句

for 语句的一般格式为：

```
for([变量赋初值];[循环继续条件];[循环变量增值])
    { 循环体语句组;}
```

执行过程如图 4.7 所示。

(1) 求解"变量赋初值"表达式 1。

(2) 求解"循环继续条件"表达式 2。如果其值非 0，执行步骤 (3)；否则，转至步骤 (4)。

(3) 执行循环体语句组，并求解"循环变量增值"表达式 3，然后转向步骤 (2)。

(4) 执行 for 语句的下一条语句。

对"变量赋初值""循环继续条件"和"循环变量增值"部分均可缺省，甚至全部缺省，但其间的分号不能省略。

当循环体语句组仅由一条语句构成时，可以不使用复合语句形式。

"循环变量赋初值"表达式 1，既可以是给循环变量赋初值的赋值表达式，也可以是与此无关的其他表达式（如逗号表达式）。

"循环继续条件"部分是一个逻辑量，除一般的关系（或逻辑）表达式外，也允许是数值（或字符）表达式。

for 语句中的各表达式都可省略，但分号间隔符不能少。

例如：

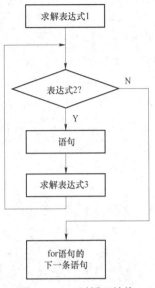

图 4.7 for 型循环结构

for(;表达式;表达式)	省去了表达式1;
for(表达式;;表达式)	省去了表达式2;
for(表达式;表达式;)	省去了表达式3;
for(;;)	省去了全部表达式。

在循环变量已赋初值时，可省去表达式 1。如省去表达式 2 或表达式 3 则将造成无限循环，这时应在循环体内设法结束循环。

```
void main()
{
    int a=0,n;
    printf("\n input n: ");
    scanf("%d",&n);
    for(;n>0;)
    {
      a++;n--;
      printf("%d ",a*2);
    }
}
```

循环语句的循环体内，又包含另一个完整的循环结构，称为循环的嵌套。循环嵌套的概念，对所有高级语言都是一样的。

for 语句和 while 语句允许嵌套，do-while 语句也不例外。

三种循环（while 循环、do-while 循环和 for 循环）可以互相嵌套。例如，下面几种都是合法的形式：

```
(1) while( )
    {…
     while( )
      {…}
    }
(2) do
    {…
      do
       {… }
      while( );
    }
    while( );
(3) for(;;)
    {
       for(; ;)
         {…}
    }
(4) while( )
    {…
      do
       {…}
      while( );
     …
    }
(5) for(; ;)
    {…
       while( )
         { }
     …
    }
(6) do
    {
     …
       for (; ;)
         { }
    }
    while( );
```

第4章 C51流程控制语句

如果需要改变程序的正常流向，可以使用本小节介绍的转移语句。

C51 提供了 4 种转移语句：goto，break，continue 和 return。其中的 return 语句只能出现在被调函数中，用于返回主调函数，break 语句只能用在 switch 语句或循环语句中，其作用是跳出 switch 语句或跳出本层循环，转去执行后面的程序。由于 break 语句的转移方向是明确的，所以不需要语句标号与之配合。

break 语句的一般形式为：

```
break;
```

continue 语句只能用在循环体中，其一般格式是：

```
continue;
```

其语义是：结束本次循环，即不再执行循环体中 continue 语句之后的语句，转入下一次循环条件的判断与执行。应注意的是，本语句只结束本层本次的循环，并不跳出循环。

例 4.10 输出 100 以内能被 7 整除的数。请编程实现此功能。

```c
void main()
{
    int n;
    for(n=7;n<=100;n + + )
    {
        if (n%7!=0)
        continue;
        printf("%d ",n);
    }
}
```

例 4.11 从片内 RAM 40H 开始的单元内有 10 个字节的二进制数，请编程找出其中最大值并存于片内 RAM 50H 单元中。

```c
#include <reg51.h>
#include <absacc.h>
main()
{
    unsigned char i,k,a[10],max;
    i=0x40;
    j=0x50;
    for(k=0;k<10;k ++ )
    a[i]=DBYTE[i+k];        //把内部 RAM 40H~49H 中的内容送到数组 a[]中
    max=a[0];               //设数组 a[]中的第一个数为最大数
    for(k=1;k<10;k ++ )
    if(a[k]>max)max=a[k];   //若数组 a[]中有任何一个数比 max 大,则该数为最大数
    DBYTE[0x50]=max;        //将最大数送入内部 RAM 50H 中
    while(1);
```

}

例 4.12 从片内 RAM 30H 开始的单元中有 10 个字节的二进制数，请编程求它们之和，将结果存放于片外 RAM 50H 单元中（和小于 256）。

```c
#include <reg51.h>
#include <absacc.h>
main()
{
  unsigned char i,k,a[10],sum;
  i=0x30;
  for(k=0;k<10;k ++ )
  a[i]=DBYTE[i+k];           //把内部 RAM 30H~39H 中的内容送到数组 a[] 中
  sum=0;
  for(k=0;k<10;k ++ )
  sum=sum + a[i];            //把数组 a[] 中的值求累加和
  XBYTE[0x50]=sum;           //将累加和送入外部 RAM 50H 中
  while(1);
}
```

4.4 C51 数组

数组是一组具有固定数目和相同类型成分分量的有序集合。

1. 一维数组

定义：类型说明符 数组名［整型表达式］

2. 二维数组

定义：类型说明符 数组名［常量表达式］［常量表达式］

3. 字符数组

定义方法同上。

字符数组中""括起来的一串字符，称为字符串常量。C 语言编译器会自动地在字符末尾加上结束符'\o'(NULL)；用''括起来的字符为字符的 ASCII 码值而不是字符串。比如：'a' 表示 a 的 ASCII 码值 97，而"a" 表示一个字符串，它由两个字符组成，即 a 和\o。

一个字符串可以用一个一维数组来装入，但数组的元素数目一定要比字符多一个，以便 C 编译器自动在其后面加入结束符'\o'。

二维字符数组中，第一个下标是字符串的个数，第二个下标定义每个字符串的长度，该长度应当比这批字符串中最长的串多一个字符，用于装入字符串的结束符'\o'。

4.5 函　　数

C 语言程序的一般组成结构：

```
全程变量说明
main()      /*主函数*/          ⎫
{                              ⎪
   局部变量说明                  ⎬ 主程序
   执行语句                     ⎪
}                              ⎭
function_1(形式参数表)  /*函数1*/  ⎫
{                                ⎪
   局部变量说明                    ⎪
   执行语句                       ⎪
}                                ⎬ 函数
...                              ⎪
function_n(形式参数表)  /*函数n*/   ⎪
{                                ⎪
   局部变量说明                    ⎪
   执行语句                       ⎪
}                                ⎭
```

普通函数之间可以互相调用，但普通函数不能调用主函数。

一个 C 程序的指向从 main( )函数开始，调用其他函数后返回到主函数 main( )中，最后在主函数 main( )中结束整个 C 程序的运行。

1. 函数的分类

C 语言函数分为主函数 main( )和普通函数两种。

普通函数从不同角度又可分为：

① 从用户使用的角度划分：标准库函数、用户自定义函数；

② 从函数定义的形式上划分：无参数函数、有参数函数、空函数。

2. 函数的定义

（1）无参数函数的定义。

```
返回值类型标识符 函数名( )
{函数体语句}
```

无参数函数一般不带返回值，因此函数返回值类型标识符可以省略。

（2）有参数函数的定义。

```
返回值类型标识符 函数名(形式参数列表)
{函数体语句}
```

（3）空函数的定义。

```
返回值类型说明符 函数名( )
{ }
```

3. 函数的参数和函数值

函数调用时，其参数传递由主调函数的实际参数与被调函数的形式参数之间进行数据传递，即实际参数传递给形式参数，被调函数的最后结果由被调函数的 return 语句返回给调用函数。

（1）形式参数和实际参数。

形式参数：在定义函数时，函数名后面括号中的变量名称为"形参"；

实际参数：在函数调用时，主调函数名后面括号中的表达式称为"实参"。

在 C 语言的函数调用中，实际参数与形式参数之间的数据传递是单向进行的。只能由实参传递给形参，而不能由形参传递给实参。实参与形参的类型必须一致，否则会发生类型不匹配的错误。

（2）函数的返回值。

一般来说，函数的返回值只有一个值，若函数的返回值是多个值时，采用数组形式，并且数组必须为全局变量。

4. 函数的调用

（1）函数调用的一般形式：

函数名(实参列表)；

（2）函数调用的方式。

函数调用语句；

函数结果作为表达式的一个运算对象；

函数参数：被调函数作为另一个函数的实参。

（3）对被调函数的说明。

在一个函数中调用另一个函数必须具有以下条件：

被调函数必须是已经存在的函数（库函数或用户自定义函数）；

如果程序中使用了库函数，或不在同一文件中的另外的自定义函数，则应该在程序的开头处使用#include 包含语句，将所用的函数信息包括到程序中来；

如果程序中使用自定义函数，且该函数与调用它的函数同在一个文件中，则应根据主调函数与被调函数在文件中的位置，决定是否对被调函数做出说明：

① 如被调函数出现在主调函数之后，一般应在主调函数中在对被调函数调用之前对被调函数的返回值类型做出说明，其一般形式为：

返回值类型说明符 被调函数的函数名( )；

② 如被调函数的定义出现在主调函数之前，可以不对被调函数加以说明。

如在所有函数定义之前，在文件开头处，在函数的外部已经说明了函数的类型，则在主调函数中不必对所调函数再做返回值类型说明。

5. 函数的嵌套

在 C 语言中，在调用一个函数的过程中，允许调用另一个函数。

6. 函数的递归调用

在调用一个函数的过程中，又直接或间接地调用该函数本身，这种情况称为函数的递归调用。

7. 用函数指针变量调用函数

指向函数的指针变量的一般定义形式为：

函数值返回类型 (*指针变量名) (函数形参表…)

在给函数指针变量赋值时，只需给出函数名而不必给出参数，如 p=factorial。

用函数指针变量调用函数时，只需将（*p）代替函数名即可（p 为指针变量），在（*p）之后的括号中可根据需要写上实参。

对指向函数的指针变量进行诸如 p+n、p++、p--的运算是没有意义的。

8. 数组、指针作为函数的参数

当用数组名作函数的参数时，应该在调用函数和被调用函数中分别定义数组；

实参数组与形参数组的类型应一致，否则将导致结果出错；

实参数组与形参数组的大小可以一致，也可以不一致。

4.6 程 序 设 计

一、程序的组成

程序应包括数据说明（由数据定义部分来实现）和数据操作（由语句来实现）。数据说明主要定义数据结构（由数据类型表示）和数据的初值，数据操作的任务是对已提供的数据进行加工。

函数是 C 语言最基本的组成单位，C 程序的组成如图 4.8 所示。

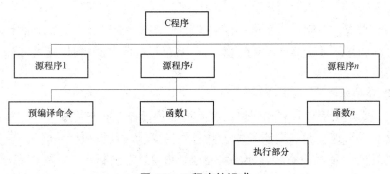

图 4.8 C 程序的组成

二、常用术语

1. 文件

计算机中数据或程序都是以文件来存储的。文件是计算机的基本存储单位。计算机中用户可见的是各种各样的文件。

2. 源程序文件

一个 C 源程序文件是由一个或多个函数组成的，它完成特定的功能。

3. 目标文件

目标文件包含所要开发使用的单片机的机器代码。目标指的是所要用的单片机；目标文件即目标程序文件，是单片机可执行的程序文件。

4. 汇编器/编译器

汇编器是针对汇编语言程序的；编译器是针对高级语言（如 C 语言）程序的。它们的作用是把源程序翻译成单片机可执行的目标代码产生一个目标文件。一个源程序文件是一个汇编/编译的单位。对 Keil C 工具软件，其汇编/编译过程如图 4.9 所示。

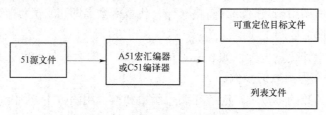

图 4.9　C 程序的汇编/编译过程

因 C 程序可由多个源文件组成，对每个源程序的编译只能得到相对地址，这需要最后重新进行统一的地址分配（定位）。列表文件是汇编器或编译器生成的包含源程序、目标代码和错误信息等的可打印文件。

5. 段

段和程序存储器或数据存储器有关，有程序段和数据段。段可以是重定位的，有一个段名、类型及其属性。

6. 模块

模块是包含一个或多个段的文件。它由编程者命名。模块的定义决定局部符号的作用域。通常模块为显示、计算或用户接口相关的函数或子程序。

7. 库

库是包含一个或多个模块的文件。这些模块通常是由编译或汇编得到的可重定位的目标模块，在连接时和其他模块组合，连接器从库中仅仅选择与其他模块相关的模块，即由其他模块调用的模块。

8. 连接器/定位器

连接是把各模块中所有具有相同段名及类型名的段连接起来生成一个完整程序的过程。连接由连接器完成。连接器识别所有的公共符号（变量、函数和标号名）。一旦所有的外部 RAM 数据收集起来，而且没有和其他模块的地址重叠，定位器就可以决定绝对地址。定位器是分配地址给每个段的工具，在连接时把模块的同名段放入一整段，定位时重新填入段的绝对地址。

9. 应用程序

应用程序是整个开发过程的目的。它是单一的绝对目标文件，它是把全部输入模块的所有绝对的及可重新定位的段连接起来，最后形成的单一的绝对模块。C51 连接器/定位器如图 4.10 所示。

三、文件命名常规

程序文件有几个常用的扩展名，典型的源文件是：.ASM，.A51，.P51，.C51 或.C；.ASM 或.A51 是汇编语言源文件；.C51 或.C 是 C 语言源文件。包含汇编/编译的程序和错误的列表文件是.LST。可重定位的目标模块为.OBJ 文件。而最后的绝对目标文件用同名而无扩展名的文件表示。若转换成 Intel 的目标文件格式是.HEX；库文件是.LIB；连接定位后的映像文件是.M51 或.MAP。连接器/定位器使用的文件是.LNK。在编译时加入到源文件中的头文件是.H。

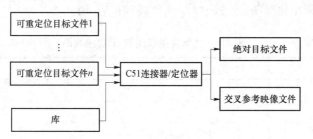

图 4.10　C51 连接器/定位器的作用

.HEX 是结果输出的目标文件格式，至少 Intel 和 Keil 是采用"Intel HEX 格式"。HEX 格式不难辨认，它的格式是文件中的所有字节是可打印的 ASCII 字符。其他更紧凑格式"BIN"以单一字节表示每个程序代码字节，这样文件中有许多非打印的 ASCII 字符代码。HEX 文件中的冒号（:）标示一个新记录，接着的两个字符是以实际数据字节数表示的记录块的长度，典型的 10 代表一个 16 个数据字节的块。再下面的四个字符是十六进制数，用于表示块中数据的起始地址。再下面的两个字符是块的类型码——00 表示可重定位数据；01 是文件的结束标志。接下去是实际数据，每个十六进制的数字对表示一个字节，16 字节数据以 32 个字符表示。最后两位数据表示校验和，很容易与数据混淆。当所有的两字符十六进制值与校验和加起来以 256 取模时，整个结果为 0。

四、模块化程序开发过程

1. 为何采用模块编程

模块化编程是一种软件设计方法。各模块程序要分别编写、编译和调试，最后将模块一起连接/定位。模块化编程有以下优点：

（1）模块化编程使程序开发更有效。

（2）当同类的需求较多时，可把程序放入库中以备以后使用。

模块化编程使得要解决的问题与特定模块分离，很容易找到出错模块，大大简化了调试。

2. 模块化程序开发过程

模块化程序开发过程如图 4.11 所示。

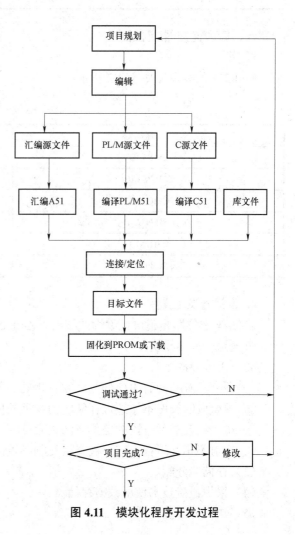

图 4.11　模块化程序开发过程

五、覆盖和共享

覆盖：在 C 编译中可以由连接器自动管理不用的存储空间，完成覆盖技术。
共享：共享变量和共享函数/子程序，具体规则见表 4.1。

表 4.1 共享变量和函数/子程序规则

类型	汇编	C
动态变量		y( ){int x;}
静态变量		Static int x;
公共变量	PUBLIC X X:ds 2	int x;
外部变量	EXTRN DATA(X) MOV DPTR,#X	Extern int x;
静态子程序	Y: …	Static y( ){…};
公共子程序/函数	PUBLIC Y Y:	y( ){…};
外部子程序/函数	EXTRN CODE(Y) LCALL Y	y( );

六、库和连接器/定位器

1. 库

KeilC51 的编译库如表 4.2 所示。

表 4.2 KeilC51 的编译库

库	说明
C51S.LIB	SMALL 模式，无浮点运算
C51FPS.LIB	浮点数学运算库（SMALL 模式）
C51C.LIB	COMPACT 模式，无浮点运算
C51FPC.LIB	浮点运算库（COMPACT 模式）
C51L.LIB	LARGE 模式，无浮点运算
C51FPL.LIB	浮点运算库（LAGRE 模式）

2. 连接器/定位器

连接器/定位器是模块化编程的核心。KeilC51 的 L51 程序可完成下列功能：
（1）组合程序模块。
（2）组合段规则：
① 所有具有相同名的部分段必须有相同类型（code、data、idata、xdata 或 bit）。
② 组合段的长度不能超过存储区的物理长度。
③ 每个组合的部分段的定位方法也必须相同。
④ 绝对不相互组合，它们被直接复制到输出文件。
（3）存储器分配。
（4）采用覆盖技术使用数据存储器。
（5）决定外部参考地址。

（6）绝对地址计算。
（7）产生绝对目标文件。
（8）产生映像文件。映像文件包含下列信息：
① 文件名和命令行参数。
② 所有被处理模块的文件名和模块名。
③ 一个包含段地址、类型、定位方法和名字的存储器分配表。该表可在命令行中用 NOMAP 参数禁止。
④ 段和符号的所有错误列表。列表文件末尾显示出所有出错的原因。
⑤ 一个包含输入文件中符号信息的符号表。该信息由 MODULES、SYMBOLS、PUBLICS 和 LINES 名组成，LINES 是 C 编译器产生的行号。符号信息可用参数 NOSYMBOLS、NOPUBLICS 和 NOLINES 完全或部分禁止。
⑥ 一个按字母顺序排列的有关所有 PUBLIC 和 EXTRN 符号的交叉参考报告，其中显示出符号类型和模块名。第一个显示的模块名是定义了 PUBLIC 符号的模块，后面的模块名是定义了 EXTRN 符号的模块。在命令行输入参数 IXREF 可产生此报告。
⑦ 在连接器/定位器运行期间检测到的错误同时显示在屏幕上和文件尾部。

七、混合编程

混合编程，即以不同语言编写的模块化编程。混合编程必须指定参数的传递规则。当组合在一起的程序部分以不同语言编写时，大多数是用汇编语言编写硬件有关的程序。

1. 函数名的转换

函数名的转换如表 4.3 所示。

表 4.3 函数名的转换

说明	符号名	解释
void func(void)	FUNC	无参数传递或不含寄存器参数的函数名不作改变，转入目标文件中，名字只是简单地转为大写形式
void func(char)	_FUNC	带寄存器参数的函数名加入"_"字符前缀以示区别，它表明这类函数包含寄存器内的参数传递
void func(void) reentrant	_?FUNC	对于重入函数加上"_?"字符串前缀以示区别，它表明该函数包含栈内的参数传递

2. 参数传递

参数传递寄存器选择如表 4.4 所示。

表 4.4 参数传递寄存器选择

参数类型	char	int	long，float	一般指针
第 1 个参数	R7	R6，R7	R4～R7	R1，R2，R3
第 2 个参数	R5	R4，R5	R4～R7	R1，R2，R3
第 3 个参数	R3	R2，R3	无	R1，R2，R3

函数返回值的寄存器如表 4.5 所示。

表 4.5 函数返回值的寄存器

返回值	寄存器	说明
bit	C	进位标志
(unsigned)char	R7	
(unsigned)int	R6，R7	高位在 R6，低位在 R7
(unsigned)long	R4～R7	高位在 R4，低位在 R7
float	R4～R7	32 位 IEEE 格式，指数和符号位在 R7
指针	R1，R2，R3	R3 放存储器类型，高位在 R2，低位在 R1

所有段名必须以 C51 类似方法建立；

每个有局部变量的汇编程序必须指定自己的数据段，这个数据段只能为其他函数访问作参数传递用。所有参数一个接一个被传递，由其他函数计算的结果被保存入栈。

3. 根据硬件环境的配置

KeilC51 编译器可根据不同的硬件环境由四个文件做出修改：STARTUP.A51、INIT.A51、PUTCHAR.C、GETCHAR.C。

八、程序优化

不经常重复的和包含用户接口的程序应该用高级语言编写。对小的、经常重复的紧凑循环应该用汇编语言编写，有时包括硬件或特定的数学操作的程序用汇编语言特殊编制比使用库更有效。

（1）尽量选择小存储模式以避免使用 MOVX 指令。

（2）使用大模式（COMPACT/LARGE）时应仔细考虑需要放在内部数据存储器的变量。

（3）要考虑操作顺序，完成一件事再做一件事。

（4）注意程序编写细则。

（5）若编译器不能使用左移和右移完成乘除法时，应立即修改。

（6）用逻辑 AND/&取模比用 MOD/%操作更有效。

（7）因计算机基于二进制，仔细选择数据存储和数组大小可节省操作。

（8）尽可能使用最小的数据类型。

（9）尽可能使用 unsigned 数据类型。

（10）尽可能使用局部函数变量。

习　题

1. break 与 continue 语句的区别是什么？

2. 用分支结构编程实现这种功能：输入"1"时显示"AA"，输入"2"时显示"BB"，输入"3"时显示"CC"，输入"4"时显示"DD"，输入"5"时结束。

3. 对于一组数据，如 1、3、5、67、32、42、9、12、79、3、5、33 对其排序，按降序

排列，要求偶数在前，奇数在后，将结果放入外部 RAM 200H 开始的单元中。最后输出为 42、32、12、79、67、33、9、5、5、3、3、1。

4. 编程实现这种功能：把内部 RAM 30H 中一个字节的十六进制数，转换为压缩的 BCD 码，百位放入内部 RAM 31H 中，十位个位放入内部 RAM 32H 中。

5. 求 $e^x = 1 + x + x^2/2! + x^3/3! + \cdots + x^n/n!$。用函数来编程，输入 x 的值后，输出以压缩 BCD 码的形式存放在外部 RAM 1000H～1003H 中，其中 1000H、1001H 存放的是整数部分，1002H、1003H 存放的是小数部分。

6. 编程实现这种功能：输入两个数，求其最大公约数和最小公倍数。

7. 编写一个函数，要求从外部 RAM 08H 地址单元开始，连续存放 200 个数，将各数取出处理，若为负数，则求其补码，若为正数则不处理，处理后将数据放回原单元中，编程实现之。

8. 编写一个函数，实现一个 BCD 码加法。已知，在内部 RAM 38H 和 39H 开始的各内存单元中分别存放有压缩 BCD 码，现要求实现其 BCD 码的加法，将结果存放于内部 RAM 3AH、3BH 中，高位存放于 3BH 中，编程实现之。

9. 要求把内部 RAM 30H 中的一个十六进制数（如 0A7H）转换为 ASCII 码，并存放入外部 RAM 10H 和 11H 中，要求高位放入外部 10H 中，低位放入外部 11H 中，编程实现之。

10. 要求把内部 RAM 30H 和 31H 中的两个十六进制数（如 0 A7H、98H）求和，若和为奇数则把外部 RAM 10H 置为全 1，否则置为 01H，编程实现之。

11. 在内部 RAM 38H 中有一个十六进制数，若该数为素数，则把内部 RAM 39H 单元置为全 1，否则置为 0AH，编程实现之。

第 5 章

8051 内部资源的 C 编程

5.1 中 断 概 述

5.1.1 中断相关的概念

一、中断的概念

1. 什么是中断

我们从一个生活中的例子引入。你正在家中看书,突然电话铃响了,你放下书本,去接电话,和来电话的人交谈,然后放下电话,回来继续看书。这就是生活中的"中断"现象,就是正常的工作过程被外部的事件打断了。

仔细研究一下生活中的中断,对于我们学习单片机的中断也很有好处。

2. 什么可以引起中断

生活中很多事件可以引起中断,譬如有人按了门铃,电话铃响,定的闹钟闹响,炉子上的水烧开了等事件。通常把可以引起中断的事件称为中断源。单片机中也有一些可以引起中断的事件,在 8031 单片机中一共有 5 个,其中包括:两个外部中断,两个计数器/定时器中断,一个串行口中断。

二、中断的嵌套与优先级处理

设想一下,我们正在看书,电话铃响了,同时又有人按了门铃,我们该先做哪件事呢?如果正在等一个很重要的电话,一般我们不会去理会门铃。反之,如果正在等一个重要的客人,则可能就不会去理会电话了。如果不是这两者(既不等电话,也不是等人上门),我们可能会按我们通常的习惯去处理。总而言之,这里存在一个优先级的问题。单片机中也是如此,也有优先级的问题。优先级的问题不仅会发生在两个中断同时产生的情况,同样会发生在一个中断已经产生,又有一个中断产生的情况。比如,我们正接电话,出现有人按门铃的情况;又或者,我们开门正与人交谈,随后又有电话响了的情况。思考一下,遇到此类问题,我们会如何处理呢?

三、中断的响应过程

我们继续看书,当有事件产生,进入中断之前我们必须先记住现在看到书的第几页了,或者拿一个书签放在当前页的位置,然后去处理其他不同的事情(因为处理完了,我们还要回来继续看书);电话铃响我们要到放电话的地方去,门铃响我们要到门那边去,也就是说对于不同的中断，我们要在不同的地点处理，而这个地点通常是固定的。单片机处理类似事件也是采用的这种方法；8031 单片机中有 5 个中断源，每个中断产生后都会到一个固定的地方去处理相应的中断程序。当然，在去固定的位置之前，首先要保存下面将执行的指令的地址，以便处理完中断后回到原来的地方继续往下执行程序。具体来讲，中断响应可以分为以下几个步骤：

（1）保护断点，即保存下一个将要执行的指令的地址，就是把这个地址送入堆栈。

（2）寻找中断入口，根据不同的中断源所产生的中断，查找不同的入口地址。

以上工作是由计算机自动完成的，与编程者无关。在这个入口地址处存放有中断服务子程序（这是程序编写时放在那儿的，如果没把中断程序放在那儿，中断程序就不能被执行到）。

（3）执行中断处理子程序。

（4）中断返回：执行完中断返回指令后，就从中断处返回到主程序，继续执行后面语句。

单片机究竟是如何找到中断程序所在的位置，又是如何正确地返回呢？稍后再谈。

由上述生活中的例子，可以总结出：中断是指当计算机执行正常程序时，系统中出现某些急需处理的异常情况和特殊请求，这时 CPU 暂时中止正在执行的程序，转去对随机发生的更紧迫事件进行处理，处理完毕后，CPU 自动返回原来的程序继续执行，这个过程称为中断。

8051 单片机有 5 个中断源，有两个中断优先级，每个中断源的优先级可以编程控制。中断允许受到 CPU 开中断和中断源开中断的两级控制。

5.1.2 中断源

一、中断源

中断源是指任何引起单片机中断的事件，一般一个单片机允许有许多个中断源，8051 的单片机具有 5 个中断源，它们分别是：

（1）外部中断 0，由 $\overline{INT0}$（P3.2）输入。可由 IT0 选择其触发方式，当 CPU 检测到 $\overline{INT0}$（P3.2）引脚上出现有效中断信号时，中断标志 IE0 置位，并向 CPU 申请中断。

（2）外部中断 1，由 $\overline{INT1}$（P3.3）输入。可由 IT1 选择其触发方式，当 CPU 检测到 $\overline{INT1}$（P3.3）引脚上出现有效中断信号时，中断标志 IE1 置位，并向 CPU 申请中断。

（3）片内定时器/计数器 0 溢出中断。当片内定时器/计数器 0 发生溢出时，置位 TF0，并向 CPU 申请中断。

（4）片内定时器/计数器 1 溢出中断。当片内定时器/计数器 1 发生溢出时，置位 TF1，并向 CPU 申请中断。

（5）片内串行口发送/接收中断。当串行口发送完一帧串行数据时置位 TI 或者当串行口接收完一帧串行数据时置位 RI，并向 CPU 申请中断。

二、中断请求标志位

为了确定上述中断源是否产生中断请求，中断系统对应设置了多个中断请求触发器（标志位）来实现记忆。这些中断源请求标志位分别由特殊功能寄存器 TCON 和 SCON 的相应位进行锁存。

1. 定时器/计数器控制寄存器 TCON

特殊功能寄存器 TCON、锁存定时器/计数器 T0 与定时器/计数器 T1 的溢出中断标志和外部中断 0 与外部中断 1 的中断标志，与中断有关的各位定义如下：

TF1		TF0		IE1	IT1	IE0	IT0

IT0、IT1：外部中断 0、1 触发方式选择位，由软件设置。1—下降沿触发方式，$\overline{INT0}/\overline{INT1}$ 引脚上由高到低的负跳变可引起中断；0—电平触发方式，$\overline{INT0}/\overline{INT1}$ 引脚上为低电平时可引起中断。

IE0、IE1：外部中断 0、1 请求标志位。当外部中断 0、1 依据触发方式满足条件，产生中断请求时由硬件置位（IE0/IE1＝1）；当 CPU 响应中断时由硬件清除（IE0/IE1＝0）。

TF0、TF1：定时器/计数器 0、1（T/C0、T/C1）溢出中断请求标志。当 T/C0、T/C1 计数溢出时由硬件置位（TF0/TF1＝1）；当 CPU 响应中断时由硬件清除（TF0/TF1＝0）。

2. 串行口控制寄存器 SCON

串行口控制寄存器 SCON 的各位定义如下：

						TI	RI

RI：串行口接收中断请求标志位。当串行口接收完一帧数据后请求中断，由硬件置位（RI＝1），RI 必须由软件清零。

TI：串行口发送中断请求标志位。当串行口发送完一帧数据后请求中断，由硬件置位（TI＝1），TI 必须由软件清零。

三、中断的控制

中断的控制主要实现中断的开关管理和中断优先级的管理，这个管理主要通过对特殊功能寄存器 IE 和 IP 的编程来实现。

1. 中断允许寄存器 IE

在中断系统中，总中断以及某个分中断源的允许和屏蔽都是由中断允许寄存器 IE 来控制的，IE 的状态可由软件设定。当某位设定为 1 时，相应的中断源被允许；当某位设定为 0 时，相应的中断源被屏蔽。CPU 复位时，IE 各位清零，所有中断被禁止。特殊功能寄存器 IE 的各位定义如下：

EA		ET2	ES	ET1	EX1	ET0	EX0

EX0、EX1：外部中断 0、1 的中断允许位。1—外部中断 0、1 开中断；0—外部中断 0、1 关中断。

ET0、ET1：定时器/计数器 0、1（T/C0、T/C1）溢出中断允许位。1—T/C0、T/C1 开中断；0—T/C0、T/C1 关中断。

ES：串行口中断允许位。1—串行口开中断；0—串行口关中断。

ET2：定时器/计数器 2（T/C2）溢出中断允许位。1—T/C2 开中断；0—T/C2 关中断。

EA：CPU 开/关中断控制位。1—CPU 开中断；0—CPU 关中断。

8051 复位时，IE 被清零，此时 CPU 关中断，各中断源的中断也被屏蔽。

2. 中断优先级寄存器 IP

当系统中多个中断源同时发出请求中断时，CPU 将按照中断源的优先级别，按由高到低的顺序分别响应。特殊功能寄存器 IP 的各位定义如下：

			PS	PT1	PX1	PT0	PX0

PX0、PX1：外部中断 0、1 中断优先级控制位。1—高优先级；0—低优先级。
PT0、PT1：定时器/计数器 0、1 中断优先级控制位。1—高优先级；0—低优先级。
PS：串行口中断优先级控制位。1—高优先级；0—低优先级。

8051 复位时，IP 被强制清零，5 个中断源都在同一优先级。此时，如果其中几个中断源同时产生中断请求，那么 CPU 将会按照片内硬件优先级的顺序，遵循由高到低的原则按顺序响应中断。硬件优先级由高到低的顺序如下：

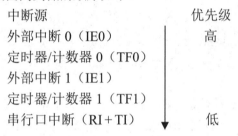

5.1.3 中断响应

一、中断响应的条件

讲到这儿，我们依然对于单片机响应中断感到神奇，我们可以响应外界的事件，是因为我们有多种"传感器"——眼、耳可以接收不同的信息。单片机是如何做到这点的呢？其实说穿了，一点都不稀奇，MCS－51 工作时，在每个机器周期中都会去查询一下各个中断标记，看它们是否是"1"，如果是 1，就说明有中断请求了，所以判断是否有中断，其实是需要查询的，不过是每个周期都查一下而已。这要换成人来说，就相当于你在看书的时候，每一秒钟都会抬起头来看一看，查问一下，是不是有人按门铃，是否有电话……

了解上述中断过程之后，就不难理解中断响应的条件。在下列三种情况之一时，CPU 将封锁对中断的响应：

（1）CPU 正在处理一个同级或更高级别的中断请求。

（2）现行的机器周期不是当前正执行指令的最后一个周期。我们知道，单片机有单周期、双周期、三周期指令，如果当前执行指令是单字节则没有影响，如果是双字节或四字节的，就要等整条指令都执行完了，才能响应中断（因为中断查询是在每个机器周期都可能查到的）。

（3）当前正执行的指令是返回指令（RETI）或访问 IP、IE 寄存器的指令，则 CPU 至少要再执行一条指令才应中断，这些都是与中断有关的。如果正访问 IP、IE 寄存器则可能会开、关中断或改变中断的优先级；如果正执行中断返回指令则说明本次中断还没有处理完，所以要等本指令处理结束，再执行一条指令才可以响应中断。

二、中断响应过程

CPU 响应中断时，首先把当前指令的下一条指令（就是中断返回后将要执行的指令）的地址送入堆栈。然后根据中断标记，将相应的中断入口地址送入 PC。PC 是程序指针，CPU 取指令需要根据 PC 中的值，PC 中是什么值，就会到什么地方去取指令，所以程序就会转到中断入口处继续执行。这些工作都是由硬件来完成的，不必我们去考虑。

这里还有个问题，值得读者注意：每个中断向量地址之间只间隔了 8 个单元，如 0003H～000BH，在如此少的空间中如何完成中断服务子程序呢？通常情况下，编程人员会在中断处放一条长转移指令 LJMP，这样就可以使中断服务子程序被灵活地安排在 64 KB 程序存储器的任何地方了。

一个完整的主程序应该是这样的：

```
ORG 0000H
LJMP START
ORG 0003H
LJMP INT0      ;转外中断0
ORG 000BH
RETI           ;没有用定时器0中断，在此放一条RETI，万一"不小心"产生了中断，也不会有太大
               的后果
```

三、中断的返回

中断程序完成后，一定要执行一条 RETI 指令，执行这条指令后，CPU 将会把堆栈中保存着的地址取出，送回 PC，之后程序就会从主程序的中断处继续往下执行。注意：CPU 所做的保护工作是很有限的，只保护了一个地址，而其他的所有内容都不保护，所以如果在主程序中用到了如 A、PSW 等，在中断程序中又要用它们，还要保证回到主程序后这里面的数据还是没执行中断以前的数据，就得自己保护起来。上述是用汇编语言编写的，而当采用 C 语言时，则屏蔽了这些细节。

各中断源的中断服务程序入口地址见表 5.1 所示。

表 5.1 各中断源的中断服务程序入口地址

中断号	中断源	入口地址
0	外部中断 0	0003H
1	定时器/计数器 0	000BH
2	外部中断 1	0013H
3	定时器/计数器 1	001BH
4	串行口中断	0023H

各中断服务程序入口地址仅间隔 8 个字节，编译器在这些地址放入无条件转移指令跳转到服务程序的实际地址。

四、中断服务函数的一般形式

C51 编译器支持在 C 源程序中直接开发中断程序，使用该扩展属性的函数定义语法如下：

返回值 函数名 interrupt n (using n)

其中关键字 interrupt 后面的 n 对应的是中断号。n 的取值为 0～4；C51 中扩展了一个关

键字 using，using 后面的 n 专门用来选择 89C51 的 4 个不同的工作寄存器区，using 是可选项，如果不用该选项，中断函数中所有的工作寄存器的内容将会被保存到堆栈中。

5.1.4 中断寄存器组切换

高优先级中断可以中断正在处理的低优先级程序，因而必须注意寄存器组。除非可以确定未使用 R0～R7（用汇编程序），最好给每种优先级程序分配不同的寄存器组。Keil C51 编译器可以特殊指定寄存器独立的函数。当前工作寄存器可由 PSW 中两位设置，也可使用 using 指定，"using" 后的变量为一个 0～31 的常整数。

"using" 不允许用于外部函数，它对函数的目标代码影响如下：
① 函数入口处将当前寄存器组保留；
② 使用指定的寄存器组；
③ 函数退出前寄存器组恢复。
中断服务函数的完整语法如下：

返回值 函数名（[参数]）[模式][重入] interrupt n [using n]

"interrupt" 后接一个 0～31 的常整数，不允许使用表达式。
中断不允许用于外部函数，它对函数目标代码影响如下：
① 当调用函数时，SFR 中的 ACC、B、DPH、DPL 和 PSW（当需要时）入栈；
② 如果不使用寄存器组切换，中断函数所需的所有工作寄存器都应入栈；
③ 函数退出前，所有的寄存器内容入栈；
④ 函数由 8051 的指令 RETI 终止。

5.1.5 中断的编程

当外部中断源比较多时，可以在 8051 的一个外部中断请求线上（即相应的中断引脚上）实现多个中断响应，此时可将这些中断源同时分别接到输入端口的各位，然后在中断服务程序中采用查询法顺序检索引起中断的中断源。但这种方法在中断源较多时查询的时间太长，CPU 中断相应的速度会明显降低。若用一个优先权解码芯片 74LS148 把多个中断源信号作为一个中断来处理效果会很好。

例 5.1 多个中断源的处理，原理图如图 5.1 所示。

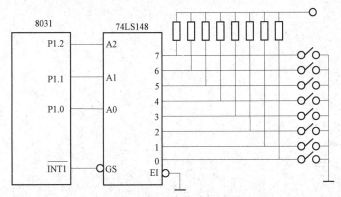

图 5.1 多个中断源的处理

解：设计流程图如图 5.2 所示，中断服务程序仅设置标志保存 I/O 口输入状态。

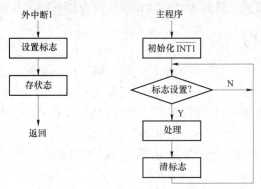

图 5.2 多个中断源的处理框图

Keil C51 编译器提供定义特定 8051 系列的寄存器头文件。8051 的头文件为 reg51.h。源程序 int31.c 如下：

```
#include <reg51.h>
unsigned char status;
bit flag;
void service_int1() interrupt 2 using 2    /*INT1 中断服务程序使用第二组寄存器*/
{
 flag = 1;    /*设置标志*/
 status = p1;  /*存状态*/
}
void main(void)
{
 IP = 0x04;
 IE = 0x84;
 for(;;)
   {
    if(flag)
      {
       switch(status)
          {
           case 0: break;
           case 1: break;
           case 2: break;
           case 3: break;
           default:;
          }
       flag = 0;    /*处理完清标志*/
```

```
        }
    }
}
```

C51 编译器及其对 C 语言的扩充允许编程者对中断的所有方面进行控制和寄存器组的使用。这种支持能使编程者创建高效的中断服务。用户不需在高级方式下关心中断及必要的寄存器组切换操作，C51 编译器将产生最合适的代码。

5.2 定时器/计数器（T/C）

5.2.1 定时器/计数器概述

一、计数概念的引入

选票的统计方法：画"正"。这就是计数，生活中计数的例子处处可见，例如录音机上的计数器、家里用的电度表、汽车上的里程表等。再举一个工业生产中的例子，线缆行业在电线生产出来之后要计米，也就是测量长度，怎么测法呢？用尺量？不现实，太长不说，要一边做一边量呢，怎么办呢？行业中有很巧妙的方法，用一个周长是 1 米的轮子，将电缆绕在上面一周，由线带轮转，这样轮转一周不就是线长 1 米嘛，所以只要记下轮转了多少圈，就可以知道走过的线有多长了。

二、计数器的容量

从一个生活中的例子看起：一个水盆在水龙头下，水龙头没关紧，水一滴滴地滴入盆中。水滴不断落下，盆的容量是有限的，过一段时间之后，水就会逐渐变满。录音机上的计数器最多只计到 999……那么单片机中的计数器有多大的容量呢？8031 单片机中有两个计数器，分别称之为 T0 和 T1，这两个计数器分别是由两个 8 位的 RAM 单元组成的，即每个计数器都是 16 位的计数器，最大的计数量是 65 536。

三、定时

8031 中的计数器除了可以作为计数之用外，还可以用作时钟。时钟的用途当然很大，如用于打铃器、电视机定时关机、空调定时开关等，那么计数器是如何作为定时器来用的呢？

一个闹钟，若将它定时在 1 个小时后闹响，换言之，也可以说是秒针走了 3 600 次，所以时间就转化为秒针走的次数，也就是计数的次数了，可见，计数的次数和时间之间的确十分相关。那么它们的关系是什么呢？那就是秒针每一次走动的时间正好是 1 秒。

定时控制方法如图 5.3 所示。

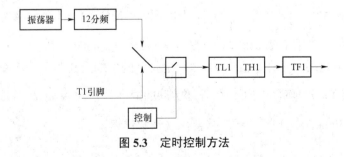

图 5.3　定时控制方法

结论：只要计数脉冲的间隔相等，则计数值就代表了时间的流逝。

由此可知，单片机中的定时器和计数器是一个东西，只不过计数器是记录外界发生的事情，而定时器则是由单片机提供一个非常稳定的计数源。

那么提供定时器的计数源是什么呢？由图 5.3 可知，是由单片机的晶振经过 12 分频后获得的一个脉冲源。晶振的频率当然很准，所以这个计数脉冲的时间间隔也很准。

问题：一个 12 MHz 的晶振，它提供给计数器的脉冲时间间隔是多少呢？当然这很容易，就是 12 MHz/12 等于 1 MHz，也就是 1 微秒。

结论：计数脉冲的间隔与晶振有关，12 MHz 的晶振，计数脉冲的间隔是 1 微秒。

四、溢出

再来看滴水的例子，当水不断落下，盆中的水不断变满，最终有一滴水使得盆中的水满了，这时如果再有一滴水落下，就会发生什么现象呢？水会漫出来，用个术语来讲就是"溢出"。

水溢出是流到地上，而计数器溢出后将使得 TF0 变为"1"。至于 TF0 是什么稍后再谈。一旦 TF0 由 0 变成 1，表示产生了变化，产生了变化就会引发事件，就像定时的时间一到，闹钟就会响一样。至于会引发什么事件，后面再介绍，现在来研究另一个问题：要有多少个计数脉冲才会使 TF0 由 0 变为 1。

五、任意定时及计数的方法

刚才已研究过，计数器的容量是 16 位，也就是最大的计数值为 65 536，因此计数计到 65 536 就会产生溢出。但在现实生活中，经常会有少于 65 536 个计数值的要求，如包装线上，一打为 12 瓶，一瓶药片为 100 粒，怎么样来满足这个要求呢？

提示：如果是一个空的盆要 10 000 滴水滴进去才会满，若在开始滴水之前就先放入一勺水，还需要 10 000 滴吗？

因此，可以采用预置数的方法，若要计 100，那就先预置 65 436 个脉冲，再来 100 个脉冲，就满足了 65 536 个脉冲的要求了。

定时也是如此，每个脉冲是 1 微秒，则计满 65 536 个脉冲需时 65.536 毫秒，但现在若只要 10 毫秒就可以了，怎么办？

10 毫秒为 10 000 微秒，所以，只要在计数器里面预置 55 536 就可以了。

8051 系列单片机至少有两个 16 位内部定时器/计数器，它们既可以编程为定时器使用，也可以编程为计数器使用。若是计数内部晶振驱动时钟，它是定时器；若是计数 8051 输入引脚的脉冲信号，它是计数器。

8051 的 T/C 是加 1 计数器，当 T/C 工作在定时器时，对振荡源 12 分频的脉冲计数，即每个机器周期计数值加 1，计数率 $=\frac{1}{12}f_{osc}$，当晶振为 6 MHz 时，计数频率为 500 kHz，每 2 μs 计数值加 1；当 T/C 工作在计数器时，计数脉冲来自外部脉冲输入引脚 T0(P3.4) 或 T1(P3.5)，当 T0 或 T1 引脚上负跳变时计数值加 1，识别引脚上的负跳变需两个机器周期，即 24 个振荡周期，所以 T0 或 T1 引脚输入的可计数外部脉冲的最高频率为 $\frac{1}{24}f_{osc}$。当晶振为 12 MHz 时，最高计数频率为 500 kHz，高于此频率将会出现计数错误。

5.2.2 定时器/计数器的控制

80C51 单片机定时器/计数器的工作由两个特殊功能寄存器来控制。TCON 用来控制其启动和中断申请；TMOD 用于设置其工作方式。

1. 定时器/计数器控制寄存器 TCON

TCON 的低四位与外部中断的设置有关，已在前面一节介绍。TCON 的高四位用于控制定时器/计数器的启动和中断申请。具体格式如下：

TF1	TR1	TF0	TR0				

TF1、TF0 在上一节中断请求中已做介绍，这里不再赘述。

TR1、TR0：T/C0、T/C1 启动控制位。1—启动计数；0—停止计数。

TCON 复位后清零，T/C 需受到软件控制才能启动计数，当计数寄存器计满时，产生向高位的进位 TF，即溢出中断请求标志。

2. T/C 的方式控制寄存器 TMOD

TMOD 用于定时器/计数器工作方式的设置。其中，低四位用于 T0 的设置，高四位用于对 T1 的设置，具体格式如下：

GATE	C/$\overline{T}$	M1	M0	GATE	C/$\overline{T}$	M1	M0

C/$\overline{T}$：计数器或定时器选择位。1—为计数器；0—为定时器。

GATE：门控信号。1—T/C 的启动受到双重控制，即要求 TR0/TR1 和 $\overline{INT0}$/$\overline{INT1}$ 同时为高；0—T/C 的启动仅受 TR0 或 TR1 控制。

M1 和 M0：工作方式选择位。四种工作方式由 M1、M0 的四种组合状态确定，具体如表 5.2 所示。

表 5.2 工作方式选择位

M1	M0	工作方式	功　能
0	0	0	为 13 位定时器/计数器；TL 存低 5 位，TH 存高 8 位
0	1	1	为 16 位定时器/计数器
1	0	2	常数自动装入的 8 位定时器/计数器
1	1	3	仅适用于 T/C0，两个 8 位定时器/计数器

5.2.3 定时器/计数器的工作方式

方式 0：当 TMOD 中 M1M0＝00 时，T/C 工作在方式 0。方式 0 为 13 位的 T/C，由 TH 提供高 8 位，TL 提供低 5 位的计数值，满计数值为 2^{13}，但启动前可以预置计数初值。

方式 1：当 TMOD 中 M1M0＝01 时，T/C 工作在方式 1。方式 1 与方式 0 基本相同。唯一区别在于计数寄存器的位数是 16 位的，由 TH 和 TL 寄存器各提供 8 位，满计数值为 2^{16}。

方式 2：当 TMOD 中 M1M0＝10 时，T/C 工作在方式 2。方式 2 是 8 位的可自动重装载的 T/C，满计数值为 2^8；TH 装初值，TL 进行 8 位计数。

方式 3：当 TMOD 中 M1M0 = 11 时，T/C0 工作在方式 3。方式 3 只适合于 T/C0。当 T/C0 工作在方式 3 时，TH0 和 TL0 成为两个独立的计数器，这时 TL0 可作定时器/计数器，占用 T/C0 在 TCON 和 TMOD 寄存器中的控制位和标志位；而 TH0 只能作定时器用，占用 T/C1 的资源 TR1 和 TF1。在这种情况下，T/C1 仍可用于方式 0、1、2，但不能使用中断方式。只有将 T/C1 用作串行口的波特率发生器时，T/C0 才工作在方式 3，以便增加一个定时器。

5.2.4 定时器/计数器的初始化

1. 初始化步骤

在使用 8051 的定时器/计数器前，应对其进行编程初始化，主要是对 TCON 和 TMOD 编程；计算和装载 T/C 的计数初值。定时器/计数器的初始化步骤如下：

（1）编程 TMOD 寄存器，确定 T/C 的工作方式。

（2）根据要求计算 T/C 的计数初值，并装载到 TH0、TL0 或 TH1、TL1，以确定其定时时间或者计数的个数。

（3）T/C 若工作在中断方式时，须开 CPU 总中断和分中断——编程 IE 寄存器。

（4）启动定时器/计数器——编程 TCON 中 TR1 或 TR0 位，即把 TR1 或 TR0 位置 "1"。

2. 计数初值的计算

（1）定时器的计数初值。

在定时器方式下，T/C 是对机器周期脉冲计数的，若 f_{osc} = 6 MHz，一个机器周期为 $12/f_{osc}$ = 2 μs，所以：

方式 0——13 位定时器最大定时间隔 = $2^{13} \times 2$ μs = 16.384 ms；

方式 1——16 位定时器最大定时间隔 = $2^{16} \times 2$ μs = 131.072 ms；

方式 2——8 位定时器最大定时间隔 = $2^8 \times 2$ μs = 512 μs。

若是 T/C 工作在定时器方式 1，要求定时 1 ms，求计数初值。

解：设计数初值为 X，则有

$$(2^{16} - X) \times 2 \text{ μs} = 1\,000 \text{ μs}$$
$$X = 2^{16} - 500$$

（2）计数器的计数初值。

在计数器方式下：

方式 0——13 位计数器的满计数值 = 2^{13} = 8 192；

方式 1——16 位计数器的满计数值 = 2^{16} = 65 536；

方式 2——8 位计数器的满计数值 = 2^8 = 256。

若 T/C 工作在计数器方式 2，要求计算 10 个脉冲的计数初值。

解：设计数初值为 X，则有

$$2^8 - X = 10$$
$$X = 2^8 - 10$$

5.2.5 定时器/计数器的应用举例

例 5.2 设单片机的 f_{osc} = 12 MHz，要求在 P1.0 脚上输出周期为 2 ms 的方波。

第 5 章　8051 内部资源的 C 编程

解：周期为 2 ms 的方波要求时间间隔 1 ms，每次时间到则 P1.0 取反。

定时器初值为：$-1\,000[1\,\text{ms}/(12/f_{\text{osc}})]$，即 $2^{16}-1\,000$。

（1）用定时器 0 的方式 1 编程，采用查询方式。

```
#include <reg51.h>
sbit p1_0 = p1^0;
void main ()
{
TMOD = 0x01;          /*定时器 0 方式 1*/
 TR0 = 1;             /*启动 T/C0*/
 for (;;)
     {
      TH0 = (65536 - 1000)/256; /*装载计数初值*/
      TL0 = (65536 - 1000)%256;
      do{}while (! TF0); /*查询等待 TF0 置位*/
      p1_0 = !p1_0;      /*定时时间到 P1.0 反相*/
      TF0 = 0;           /*软件清 TF0*/
     }
}
```

（2）用定时器 0 的方式 1 编程，采用中断方式。

```
#include <reg51.h>
sbit p1_0 = p1^0;
void timer0 (void) interrupt 1 using 1  /*中断服务程序入口*/
{
 p1_0 = !p1_0;                /*P1.0 取反*/
 TH0 = (65536 - 1000)/256;    /*计数初值重装载*/
 TL0 = (65536 - 1000)%256;
}
void main ()
{
 TMOD = 0x01;         /*T/C0 工作在定时器方式 1*/
 p1_0 = 0;
    TH0 = (65536 - 1000)/256;  /*预置计数初值*/
    TL0 = (65536 - 1000)%256;
    EA = 1;                    /*CPU 开中断*/
    ET0 = 1;                   /*T/C0 开中断*/
    TR0 = 1;                   /*启动 T/C0 开始定时*/
    do{}while (1);
}
```

例 5.3　如图 5.4 所示，在 P1.7 端接有一个发光二极管，要求利用 T/C 控制，使 LED 亮一秒，灭一秒，周而复始。

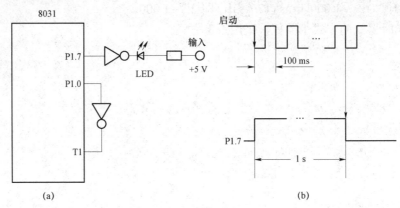

图 5.4　中断方式控制图
（a）控制示意图；（b）脉冲波形

解：如果采用 12 MHz 晶振，则 T/C 的三种方式都不能满足 1 s 定时，故采用 T/C0 定时 50 ms，定时时间到后 P1.0 反相，即令 P1.0 输出周期为 100 ms 的方波接至 T1，另外设 T/C1 工作在计数方式 2，对 T1 输入的脉冲计数，等计满 10 次时，定时 1 s 到后将 P1.7 端反相，改变灯的状态。

T/C0 的计数初值为 $-(50\text{ ms}/(12/f_{osc})) = -50\,000$。

T/C1 的计数初值为 -10。

源程序为：

```c
#include <reg51.h>
sbit p1_0 = p1^0;
sbit p1_7 = p1^7;
timer0() interrupt 1 using 1    /*T/C0 中断服务程序*/
{
    p1_0 = !p1_0;               /*100 ms 到后 P1.0 取反*/
    TH0 = (65536 - 50000)/256;  /*重载计数初值*/
    TL0 = (65536 - 50000)%256;
}
timer1() interrupt 3 using 2    /*T/C1 中断服务程序*/
{
p1_7 = !p1_7;                   /*1s 到后 P1.7 取反，灯改变状态*/
}
main()
{
  p1_7 = 0;         /*置灯初始灭*/
  p1_0 = 1;         /*保证第一次反相便开始计数*/
    TMOD = 0x61;    /*T/C0 方式 1 定时，T/C1 方式 2 计数*/
    TH0 =(65536 - 5000)/256;    /*预置计数初值*/
```

```
        TL0 = (65536 - 5000)%256;
        TH1 = 256 - 10;
        TL1 = 256 - 10;
        IP = 0x08;          /*置优先级寄存器*/
        EA = 1;             /*CPU 开中断*/
        ET0 = 1;            /*T/C0 开中断*/
        ET1 = 1;            /*T/C1 开中断*/
        TR0 = 1;            /*启动 T/C0*/
        TR1 = 1;            /*启动 T/C1*/
        for (;;)
          {}
}
```

例 5.4 采用 10 MHz 晶振,在 P1.0 脚上输出周期为 2.5 s、占空比为 20%的脉冲信号。

解:10 MHz 晶振,使用定时器最大定时几十 ms,取 10 ms 定时,周期 2.5 s 需 250 次中断,占空比为 20%,高电平应为 50 次中断。10 ms 定时的计数次数 = (10 ms/(12/f_{osc})) = 8 333。

图 5.5 所示为其程序框图。

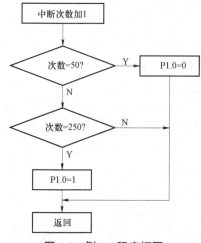

图 5.5 例 5.4 程序框图

源程序 time34.c 如下:

```
#include <reg51.h>
#define uchar unsigned char
uchar time;
uchar period = 250;
uchar high = 50;
sbit p1_0 = p1^0;
timer0 () interrupt 1 using 1
{
 TH0 = (65536 - 8333)/256;
```

```
   TL0 = (65536 - 8333)%256;
   if ( ++ time = = high) p1_0 = 0;
      else if (time = = period)
         {
           time = 0;
           p1_0 = 1;
         }
}
main ( )
{
 TMOD = 0x01;
 TH0 = (65536 - 8333)/256;
 TL0 = (65536 - 8333)%256;
    EA = 1;
    ET0 = 1;
    TR0 = 1;
    do{}while (1);
 }
```

例 5.5 产生一个占空比变化的脉冲信号的程序,它产生的脉宽调制信号用于电机变速控制。

解:程序名为 motor.c,其源程序如下:

```
#include <reg51.h>
#define uchar unsigned char
#define uint unsigned int
uchar time, status, percent, period;
bit one_round;
uint oldcount, target = 500;
void pulse (void) interrupt 1 using 1
{
 TH0 =(65536 - 833)/256;
 TL0 =(65536 - 833)%256;
 ET0 = 1;
 if ( + + time = = percent) p1 = 0;
    else if (time = = 100)
        {time = 0; p1 = 1; }
 }
void tachmeter (void) interrupt 2 using 2
{
 union {uint word;
```

```
        struct {uchar hi; uchar lo; }byte;
            }newcount;
        newcount.byte.hi = TH1;
        newcount.byte.lo = TL1;
        period = newcount.word-oldcount;
        oldcount = newcount.word;
        one_round = 1;
}
void main (void)
{
    IP = 0x04;
    TMOD = 0x11;
    TCON = 0x54;
    TH1 = 0; TL1 = 0;
    IE = 0x86;
    for (;;)
        {
            if (one_round)
            {
                if (period<target)
                 {if (percent<100)  + + percent; }
                else if (percent>0)  - - percent;
                one_round = 0;
            }
        }
}
```

例5.6 设 P1 口的 P1.0、P1.1 上有两个开关 S1 和 S2，周期开始时它是全关的。2 s 以后 S1 开，0.1 s 后 S2 开，S1 保持开 2 s，S2 保持开 2.4 s，周而复始。采用 10 MHz 晶振。定义开关 S1、S2 高电平为开，低电平为关。

解：

```
#include <reg51.h>
#define uchar unsigned char
#define uint unsigned int
uchar i,j,m,n,k,k1,nn;
uint time;
timer () interrupt 1 using 1
{
TH0 = (65536 - 8333)/256;
TL0 = (65536 - 8333)%256;
```

```
    time = time + 1;
     m = time % 200   //200 ms 定时，当变量 time 的值为 200 的倍数时，其余数为零
    if(k = = 1){if(time = = 210) {k = 0;k1 = 1;P1.1 = 1;}}   /*210 ms 定时,当变量 time
的值为 210 时，即 2.1s 时，其变量值进行如下定义；k = 0，保证此只进行一次操作，因为后面均为 2.4s
周期；$k_1$ = 1，为后述实现 2.4s 定时做准备，只有当 2.1s 后才能进行 2.4s 的周期 */
    if(k1 = = 1) { nn = nn + 1;}  /*当 2.1s 后，$k_1$ 的值一直为 1，即 2.1s 后每 10 ms 变量
nn 就会加 1，而 2.1s 之前变量 nn 则不会加 1，因为变量 $k_1$ 的值为 0 的原因 */
    n = nn % 240;    //当变量的值为 240 的倍数时（2.4s），其余数为 0
    if(m = = 0) i = 1;else i = 0;
    if(n = = 0) j = 1;else j = 0;
}
main ()
{
P1 = 0;
 time = 0;
i = 0;j = 0;
k = 1;k1 = 0;nn = 0;
 TMOD = 0x01;
 TH0 = (65536 − 8333)/256;
 TL0 = (65536 − 8333)%256;
 TR0 = 1;
 ET0 = 1;
 EA = 1;
 for (;;)
{ if (i = = 1) P1.0 = !P1.0;
if(j = = 1) P1.1 = !P1.1;}
}
```

5.3 串 行 口

5.3.1 串口概述

单片机与外界进行信息交换称为通信。

8051 单片机的通信方式有两种，即并行通信和串行通信。

并行通信：数据的各位被同时发送或接收。

串行通信：数据一位一位地顺序发送或接收。串行口通信方式如图 5.6 所示。

串行通信的方式：异步通信和同步通信。

异步通信：它用一个起始位表示字符的开始，用停止位表示字符的结束。其每帧的格式如图 5.7 所示。

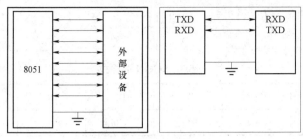

图 5.6　串行口通信方式

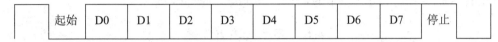

图 5.7　串行口通信帧的格式

在一帧格式中，先是一个起始位 0，然后是 8 个数据位，规定低位在前，高位在后，接下来是奇偶校验位（可以省略），最后是停止位"1"。用这种格式表示字符，则字符可以一个接一个地传送。

在异步通信中，CPU 与外设之间必须有两项规定，即字符格式和波特率。字符格式的规定是双方能够在对同一种 0 和 1 的串理解成同一种意义。原则上字符格式可以由通信的双方自由制定，但从通用、方便的角度出发，一般还是使用了一些标准，如采用 ASCII 标准。

波特率即数据传送的速率，其定义是每秒钟传送的二进制数的位数。例如，数据传送的速率是 120 字符/秒，而每个字符如上述规定包含 10 数位，则传送波特率为 1 200 波特。

在异步通信中，每个字符要用起始位和停止位作为字符开始和结束的标志，占用了时间；所以在数据块传递时，为了提高速度，常去掉这些标志，采用同步传送。由于数据块传递开始要用同步字符来指示，同时要求由时钟来实现发送端与接收端之间的同步，故硬件较复杂。

通信方向：在串行通信中，通信接口只能发送或接收的单向传送方法叫单工传送；而数据在甲、乙两机之间的双向传递，称为双工传送。在双工传送方式中又分为半双工传送和全双工传送。半双工传送是两机之间不能同时进行发送和接收，任一时刻，只能发送或者只能接收信息。

5.3.2　8051 单片机的串行接口结构

8051 串行接口是一个可编程的全双工串行通信接口。它可用作异步通信方式（UART），与串行传送信息的外部设备相连接，或用于通过标准异步通信协议进行全双工的 8051 多机系统，使用 TTL 或 CMOS 移位寄存器来扩充 I/O 口。

8051 单片机通过引脚 RXD（P3.0，串行数据接收端）和引脚 TXD（P3.1，串行数据发送端）与外界通信。其中，SBUF 是串行口缓冲寄存器，包括发送寄存器和接收寄存器。它们有相同的名字和地址空间，但不会出现冲突，因为它们两个一个只能被 CPU 读出数据，一个只能被 CPU 写入数据。

5.3.3　串行口的控制与状态寄存器

一、串行口控制寄存器 SCON

SCON 用于定义串行口的工作方式及实施接收和发送控制。字节地址为 98H。也可进行位寻址，即 SCON 的每一位"1"都可以进行按位清"0"或者按位置"1"操作。其各位定义如表 5.3 所示。

表 5.3 SCON 的格式

D7	D6	D5	D4	D3	D2	D1	D0
SM0	SM1	SM2	REN	TB8	RB8	TI	RI

SM0、SM1：串行口工作方式选择位，其定义如表 5.4 所示。

表 5.4 串行口工作方式选择

SM0 SM1	工作方式	功能描述	波特率
0　0	方式 0	8 位移位寄存器	$f_{osc}/12$
0　1	方式 1	10 位 UART	可变
1　0	方式 2	11 位 UART	$f_{osc}/64$ 或 $f_{osc}/32$
1　1	方式 3	11 位 UART	可变

注：f_{osc} 为晶振频率。

SM2：多机通信控制位。在方式 0 时，SM2 一定要等于 0。在方式 1 中，当 SM2=1 时则只有接收到有效停止位时，RI 才置"1"。在方式 2 或方式 3 中，当 SM2=1 且接收到的第 9 位数据 RB8=0 时，RI 才置"1"。

REN：接收允许控制位。由软件置位以允许接收，又由软件清零来禁止接收。

TB8：要发送的数据的第 9 位。在方式 2 或方式 3 中，要发送的第 9 位数据根据需要由软件置"1"或清"0"。例如，可约定作为奇偶校验位，或在多机通信中作为区别地址帧或数据帧的标志位。

RB8：接收到的数据的第 9 位。在方式 0 中不使用 RB8。在方式 1 中，若 SM2=0，RB8 为接收到的停止位。在方式 2 或方式 3 中，RB8 为接收到的第 9 位数据。

TI：发送中断标志位。在方式 0 中，第 8 位发送结束时，由硬件置位。在其他方式中在发送停止位前，由硬件置位。TI 置位既表示一帧信息发送结束，同时也是申请中断，可根据需要，用软件查询的方法获得数据已发送完毕的信息，或用中断的方式来发送下一个数据。TI 必须用软件清"0"。

RI：接收中断标志位。在方式 0，当接收完第 8 位数据后，由硬件置位。在其他方式中，在接收到停止位的中间时刻由硬件置位（例外情况参见 SM2 的说明）。RI 置位表示一帧数据接收完毕，可用查询的方法获知或者用中断的方法获知。RI 也必须用软件清"0"。

二、电源控制寄存器 PCON

PCON 是为了在 CHMOS 的 80C51 单片机上实现电源控制而附加的。其中最高位是 SMOD。其各位定义如表 5.5 所示。

表 5.5 SMOD 各位定义

D7	D6	D5	D4	D3	D2	D1	D0
SMOD				GF1	GF0	PD	IDL

SMOD：波特率倍增位。在串口工作在方式 1、方式 2、方式 3 时，波特率与 SMOD 有关，当 SMOD=1 时，波特率提高一倍。

GF0、GF1：通用标志位。

PD、IDL：CHMOS 器件的低功耗控制位。

5.3.4 串行口的工作方式

8051 单片机的全双工串行口可编程为 4 种工作方式，现分述如下。

1. 工作方式 0

为移位寄存器输入/输出方式。可外接移位寄存器以扩展 I/O 口，也可以外接同步输入/输出设备。8 位串行数据则是从 RXD 输入或输出，TXD 用来输出同步脉冲。

（1）输出。串行数据从 RXD 引脚输出，TXD 引脚输出移位脉冲。CPU 将数据写入发送寄存器时，立即启动发送，将 8 位数据以 $f_{osc}/12$ 的固定波特率从 RXD 输出，低位在前，高位在后。发送完一帧数据后，发送中断标志 TI 由硬件置位。

（2）输入。当串行口以方式 0 接收时，先置位接收允许控制位 REN。此时，RXD 为串行数据输入端，TXD 仍为同步脉冲移位输出端。当 RI=0 和 REN=1 同时满足时，开始接收。当接收到第 8 位数据时，将数据移入接收寄存器，并由硬件置位 RI。

图 5.8 分别是方式 0 扩展输出和输入的接线图。

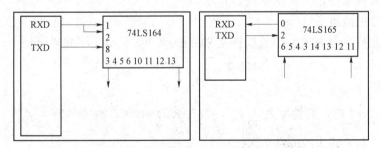

图 5.8 串行口方式 0 扩展输出和输入的接线图

2. 工作方式 1

工作方式 1 为波特率可变的 10 位异步通信接口方式。发送或接收一帧信息，包括 1 个起始位"0"，8 个数据位和 1 个停止位"1"。

（1）输出。当 CPU 执行一条指令将数据写入发送缓冲器 SBUF 时，就启动发送。串行数据从 TXD 引脚输出，发送完一帧数据后，就由硬件置位 TI。

（2）输入。在 REN=1 时，串行口采样 RXD 引脚，当采样到 1 到 0 的跳变时，确认是开始位"0"，就开始接收一帧数据。只有当 RI=0 且停止位为"1"或者 SM2=0 时，停止位才进入 RB8，8 位数据才能进入接收寄存器，并由硬件置位中断标志 RI；否则信息丢失。所以在方式 1 接收时，应先用软件清零 RI 和 SM2 标志。

3. 工作方式 2

工作方式 2 为固定波特率的 11 位 UART 方式。它比方式 1 增加了一位可程控为 "1" 或 "0" 的第 9 位数据。

（1）输出。发送的串行数据由 TXD 端输出，一帧信息为 11 位，附加的第 9 位来自 SCON 寄存器的 TB8 位，用软件置位或复位。它可作为多机通信中地址/数据信息的标志位，也可以作为数据的奇偶校验位。当 CPU 执行一条数据写入 SUBF 的指令时，就启动发送器发送。发送一帧信息后，置位中断标志 TI。

（2）输入。在 REN＝1 时，串行口采样 RXD 引脚，当采样到 1 到 0 的跳变时，确认是开始位 "0"，就开始接收一帧数据。在接收到附加的第 9 位数据后，当 RI＝0 或者 SM2＝0 时，第 9 位数据才进入 RB8，8 位数据才能进入接收寄存器，并由硬件置位中断标志 RI；否则信息丢失，且不置位 RI。再过一位时间后，不管上述条件是否满足，接收电路即行复位，并重新检测 RXD 上从 1 到 0 的跳变。

4. 工作方式 3

工作方式 3 为波特率可变的 11 位 UART 方式。除波特率外，其余与方式 2 相同。

5.3.5 串行口初始化

1. 波特率选择

如前所述，在串行通信中，收发双方的数据传送率（波特率）要有一定的约定。在 8051 串行口的四种工作方式中，方式 0 和方式 2 的波特率是固定的，而方式 1 和方式 3 的波特率是可变的，由定时器 T1 的溢出率控制。

（1）方式 0 的波特率选择。

方式 0 的波特率固定为主振频率的 1/12。

（2）方式 2 的波特率选择。

方式 2 的波特率由 PCON 中的选择位 SMOD 来决定，可由下式表示：

$$波特率 = \frac{1}{64} \times 2^{SMOD} \times f_{osc}$$

也就是当 SMOD＝1 时，波特率为 $\frac{1}{32}f_{osc}$，当 SMOD＝0 时，波特率为 $\frac{1}{64}f_{osc}$。

（3）方式 1 和方式 3 的波特率选择。

定时器 T1 作为波特率发生器，其公式如下：

$$波特率 = \frac{1}{32} \times 2^{SMOD} \times 定时器 T1 溢出率$$

$$T1 溢出率 = T1 计数率/产生溢出所需的周期数$$

式中，T1 计数率取决于它工作在定时器状态还是计数器状态。当工作于定时器状态时，T1 计数率为 $f_{osc}/12$；当工作于计数器状态时，T1 计数率为外部输入频率，此频率应小于 $f_{osc}/24$。产生溢出所需的周期数与定时器 T1 的工作方式、T1 的预置值有关。

定时器 T1 工作于方式 0 时：产生溢出所需的周期数 $= 8192 - X$；

定时器 T1 工作于方式 1 时：产生溢出所需的周期数 $= 65536 - X$；

定时器 T1 工作于方式 2 时：产生溢出所需的周期数 $= 256 - X$。

因为方式 2 为自动重装入初值的 8 位定时器/计数器模式,所以用它来作波特率发生器最恰当。

当时钟频率选用 11.059 2 MHz 时,易获得标准的波特率,所以很多单片机系统选用这个看起来"怪"的晶振就是这个道理。

表 5.6 列出了定时器 T1 工作于方式 2 时常用的波特率及初值。

表 5.6　定时器 T1 工作于方式 2 时常用的波特率及初值

常用波特率	f_{osc}/MHz	SMOD	TH1 初值
19 200	11.059 2	1	FDH
9 600	11.059 2	0	FDH
4 800	11.059 2	0	FAH
2 400	11.059 2	0	F4H
1 200	11.059 2	0	E8H

2. 初始化步骤

在使用串行口之前,应对它进行编程初始化,主要是对产生波特率的定时器 1、串行口控制和中断控制等进行设置。具体步骤如下:

(1) 确定 T1 的工作方式——配置 TMOD 寄存器;
(2) 计算 T1 的初值——装载 TH1、TL1;
(3) 启动 T1——对 TCON 中的 TR1 位进行配置;
(4) 确定串行口的工作方式——配置 SCON;
(5) 串行口在中断方式工作时,须开总中断和分中断——配置 IE 寄存器。

5.3.6　串行口应用编程实例

例 5.7　串行口方式 0 应用编程。8051 单片机串行口方式 0 为移位寄存器方式,外接一个串入并出的移位寄存器,就可以扩展一个并行口。

用 8051 串行口外接 CD4094 扩展 8 位并行输出口,如图 5.9 所示,8 位并行口的各位都接一个发光二极管,要求发光二极管呈流水灯状态。串行口方式 0 的数据传送可采用中断方式,也可采用查询方式,无论哪种方式,都要借助于 TI 或 RI 标志。串行发送时,可以靠 TI 置位(发完一帧数据后)引起中断申请,在中断服务程序中发送下一帧数据,或者通过查询 TI 的状态,只要 TI 为 0 就继续查询,TI 为 1 就结束查询,发送下一帧数据。在串行接收时,则由 RI 引起中断或通过对 RI 查询来确定何时接收下一帧数据。无论采用什么方式,在开始通信之前,都要先对控制寄存器 SCON 进行初始化。在方式 0 中将 00H 送入 SCON 就可以了。

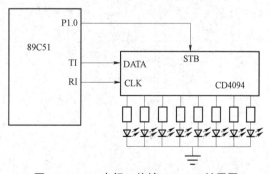

图 5.9　8051 串行口外接 CD4094 扩展图

例 5.8　使用单片机的串行口主要用于和通用微机的通信、单片机间的通信和主从结构的分布式控制系统机间通信。串行口通信常使用缓冲区。

单片机串行口发送程序 tetr.c 如下：

```c
#include <reg51.h>
#define uchar unsigned char
#define uint unsigned int
uchar idata trdata[10] = { 'M', 'C', 'S', ' - ', '5', '1', 0x0d, 0x0a, 0x00};
main ()
{
 uchar i;
    uint j;
    TMOD = 0x20;
    TL1 = 0xfd; TH1 = 0xfd;
    SCON = 0xd8; PCON = 0x00;
    TR1 = 1;
    while (1)
      {
        i = 0;
        while (trdata[i]! = 0x00)
          {
            SBUF = trdata[i];
            while (TI = = 0);
            TI = 0;
            i++ ;
          }
        for (j = 0; j<12500; j++ );
      }
}
```

单片机串行口接收程序，每接收到字节即刻发送出去。接收程序 trrev.c 如下：

```c
#include <reg51.h>
void main ()
{
    unsigned char a;
    TMOD = 0x20;
    TL1 = 0xfd; TH1 = 0xfd;
    SCON = 0xd8; PCON = 0x00;
    TR1 = 1;
    while (1)
      {
        while (RI = = 0);
        RI = 0;
        a = SBUF;
```

```
        while (TI = = 0);
        TI = 0;
     }
}
```

例 5.9 单片机晶振频率 f_{osc} = 11.059 2 MHz，波特率为 9 600，各设置 32 个字节的队列缓冲区用于发送接收。试设计单片机与终端或另一计算机通信的程序。

解：单片机串行口初始化成 9 600 波特，中断程序双向处理字符，程序双向缓冲字符。背景程序可以"放入"和"提取"在缓冲区的字符串，而实际输入和输出 SBUF 的动作由中断完成。

```
#include <reg51.h>
#define uchar unsigned char
uchar xdata r_buf[32];        /*item1*/
uchar xdata t_buf[32];
uchar r_in, r_out, t_in, t_out;  /*队列指针*/
bit r_full, t_empty, t_done;  /*item2*/
code uchar m[] = {"this is a test program\r\n"};
serial () interrupt 4 using 1    /*item3*/
{
  if (RI&&~r_full)
    {
         r_buf[r_in] = SBUF;
         RI = 0;
         r_in = + + r_in&0x1f;
         if (r_in = = r_out) r_full = 1;
    }
  else if (TI&&~t_empty)
        {
           SBUF = t_buf[t_out];
           TI = 0;
           t_out = + + t_out&0x1f;
           if (t_out = = t_in) t_empty = 1;
        }
      else if (TI)
           {
              TI = 0;
              t_done = 1;
           }
}
void loadmsg (uchar code *msg)    /*item4*/
   {
```

```c
        while ((*msg! = 0) && ((((t_in + 1) ^t_out) &0x1f) ! = 0))   /*测试缓冲区满*/
            {
              t_buf[t_in] = *msg;
              msg + + ;
              t_in = + + t_in&0x1f;
              if (t_done)
                {
                  TI = 1;
                  t_empty = t_done = 0;
                }
            }
}
void process (uchar ch)    /*item5*/
{return; }      /*用户定义*/
void processmsg (void)    /*item6*/
{
   while (((r_out + 1) ^r_in) ! = 0)   /*接收缓冲区非空*/
       {
          process (r_buf[r_out]);
          r_out = + + r_out&0x1f;
       }
}
main ()    /*item7*/
{
      TMOD = 0x20;    /*定时器1方式2*/
      TH1 = 0xfd;      /*9 600波特率,11.059 2 MHz*/
      TCON = 0x40;    /*启动定时器1*/
      SCON = 0x50;     /*允许接收*/
      IE = 0x90;         /*允许串行口中断*/
      t_empty = t_done = 1;
      r_full = 0;
      r_out = t_in = t_out = 0;
      r_in = 1;
      for (;;)
         {
          loadmsg (&m);
          processmsg ();
         }
}
```

item1：背景程序"放入"和"提取"字符的队列缓冲区；
item2：缓冲区状态标志；
item3：串行口中断服务程序，从 RI、TI 判别接收或发送中断，由软件清除。判别缓冲区状态（满 full，空 empty）和是否全部发送完成（done）；
item4：此函数把字符串放入发送缓冲，准备发送；
item5：接收字符的处理程序，实际应用自定义；
item6：此函数逐一处理接收缓冲区的字符；
item7：主程序即背景程序，进行串行口的初始化，载入字符串，处理接收的字符串。

习　题

1. 80C51 单片机内部有几个定时器/计数器？它们由哪些功能寄存器组成？怎样实现定时功能和计数功能？

2. 定时器/计数器 T0 有几种工作方式？各自的特点是什么？

3. 定时器/计数器的四种工作方式各自的计数范围是多少？如果要计 10 个单位，不同的方式初值应为多少？

4. 设振荡频率为 12 MHz，如果用定时器/计数器 T0 产生周期为 100 ms 的方波，可以选择哪几种方式？其初值分别设为多少？

5. 何谓同步通信？何谓异步通信？各自的特点是什么？

6. 单工、半双工和全双工有什么区别？

7. 设某异步通信接口，每帧信息格式为 10 位，当接口每秒传送 1 000 个字符时，其波特率为多少？

8. 串行口数据寄存器 SBUF 有什么特点？

9. MCS - 51 单片机串行口有几种工作方式？各自特点是什么？

10. 说明 SM2 在方式 2 和方式 3 时对数据接收有何影响。

11. 怎样实现利用串行口扩展并行输入/输出口？

12. 什么是中断、中断允许和中断屏蔽？

13. 8051 有几个中断源？中断请求如何提出？

14. 8051 的中断源中，哪些中断请求信号在中断响应时可以自动清除？哪些不能自动清除？应如何处理？

15. 8051 的中断优先级有几级？在形成中断嵌套时各级有何规定？

16. 编程设计一个 8051 双机通信系统，将甲机的片内 RAM 中 30H～3FH 的数据块通过串行口传送到乙机的片内 RAM 的 40H～4FH 中，线路连接如图 5.10 所示。

17. 用单片机的内部定时器来产生矩形波，要求 P1.0 输出频率为 100 Hz，占空比为 4∶1（高电平时间长），设单片机的时钟频率为 12 MHz。

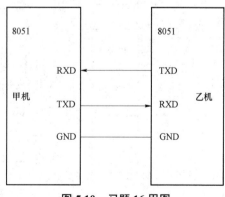

图 5.10　习题 16 用图

第 6 章

8051 扩展资源的 C 编程

在很多应用场合,8051 单片机自身的内部资源并不能满足实际需求,这时就要进行系统扩展。8051 的 I/O 资源有 P0 口、P1 口、P2 口,通常 P2 口、P0 口用于存储器的扩展,用户真正可以使用的只有 P1 口。若 I/O 口不够用可使用并行接口芯片 8255、8155 等进行 I/O 扩展。8051 内部的两个 16 位的定时器/计数器,能满足绝大多数应用场合的需要。在特殊情况下,若需要更多的计数器,可扩展 8253 定时器/计数器接口芯片。使用片内定时器进行时钟定时,但若要求有实时时钟,应扩展 MC146818 专用芯片。

6.1 可编程外围定时器 8253

Intel 8253 是可编程定时器/计数器,片内包含 3 个独立的通道,每个通道均为 16 位的计数器,其计数速率均可达 2.6 MHz。

1. 8253 的结构和引脚

8253 的结构和引脚分别如图 6.1 和图 6.2 所示。

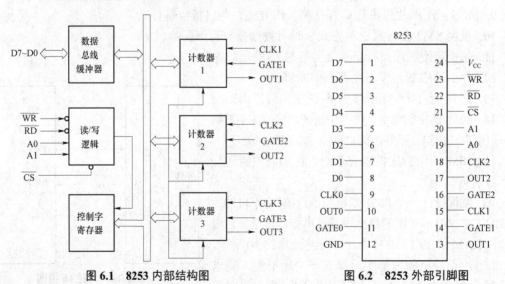

图 6.1 8253 内部结构图　　　　图 6.2 8253 外部引脚图

2. 8253 的工作方式和控制字

8253 的工作方式和控制字如表 6.1 所示。

表 6.1　8253 的工作方式和控制字

SC1	SC0	RL1	RL0	M2	M1	M0	BCD

SC1、SC0：用来选择计数器。00—计数器 0；01—计数器 1；10—计数器 2；11—非法。

RL1、RL0：用来设定对计数器的读/写顺序，计数器的锁操作用于计数过程中的读出。00—计数器锁操作；01—只读/写高位字节；10—只读/写低位字节；11—先读/写低位字节，后读/写高位字节。

BCD：用来确定计数方式。BCD=0 时按二进制计数，BCD=1 时按 BCD 码计数。

M2、M1、M0：用来设定计数器的工作方式。000—方式 0；001—方式 1；010—方式 2；011—方式 3；100—方式 4；101—方式 5。

各种工作方式的定义如下。

方式 0：这种方式在计数器减为 0 时，输出线 OUT 升为高电平，向 CPU 发出中断请求。方式控制字写入后，输出线 OUT 为低电平，计数器初值写入后计数器开始计数，计数期间仍为低电平。

方式 1：方式 1 输出单相负脉冲信号，脉冲宽度可编程设定。在设定工作方式和写入计数初值后，OUT 输出高电平。在门控信号 GATE 上升为高电平时，OUT 输出低电平，并开始计数，在计数器减为 0 时，输出变为高电平。

方式 2：方式 2 为脉冲发生器方式，产生连续的负脉冲信号，OUT 输出的负脉冲的宽度等于一个时钟周期，脉冲周期等于写入计数器的计数值和时钟周期的乘积。OUT 受门控信号 GATE 控制。

方式 3：方式 3 计数时，计数器输出为方波。若计数值 N 为偶数，在前 $N/2$ 计数期间 OUT 输出高电平，后 $N/2$ 计数期间 OUT 输出低电平。如果 N 为奇数，高低电平为 $(N+1)/2$ 和 $(N-1)/2$。其余特性同方式 2。

方式 4：方式 4 为软件触发选通方式。方式控制字写入 8253 后，计数器输出高电平，再写入计数值之后开始计数。当计数到 0 时输出一个时钟周期的负脉冲，当门控 GATE 输入低电平时，计数停止。

方式 5：方式 5 为硬件触发选通方式。写入方式控制字和计数值后，输出保持高电平，只有在门控信号 GATE 上升沿之后才开始计数，计完最后一个数后，输出一个时钟周期的负脉冲。

3. 8253 与 8051 的接口

8253 与 8051 的接口图如图 6.3 所示。

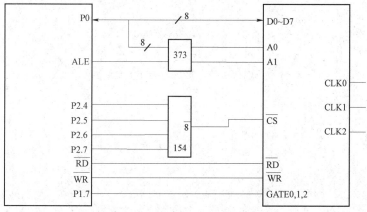

图 6.3　8253 与 8051 的接口图

图 6.3 中，8253 计数器 0、1、2 的地址为 8000H、8001H、8002H，控制口地址为 8003H。

例 6.1 测三个通道脉冲信号的计数率。

采用 8253 可同时测三个通道脉冲信号，其程序 c8253.c 如下：

```c
#include <absacc.h>
#include <reg51.h>
#define uchar unsigned char
#define uint unsigned int
#define COM8253 XBYTE[0x8003]
#define C1 XBYTE[0x8000]
#define C2 XBYTE[0x8001]
#define C3 XBYTE[0x8002]
#define SNUM 1
sbit p1_7 = p1^7;        /*门控端*/
uchar it = 20;
uchar sn = SNUM;
uint idata BUF8253[3];   /*计数率缓冲区*/
void usto(void)          /*使用定时器0函数*/
{
 TMOD = TMOD&0xf0 + 0x01; /*定时器为方式1*/
 TH0 = 0x4c; TL0 = 0x81;  /*在11.0592MHz下的50 ms定时初值*/
 TR0 = 1; ET0 = 1; EA = 1; /*启动定时器开中断*/
 p1_7 = 1;               /*开门控*/
}
void toi(void) interrupt 1  /*定时器中断服务*/
{
 TH0 = 0x4c; TL0 = 0x81;
 if ((- -it) = = 0)
    {it = 20; sn - -;}   /*1s需20次中断,秒减1*/
}
void cbfp(p0, x)  /*计数器取值函数,参数为地址和通道*/
uchar xdata *p0;
uchar x;
{
 uchar h, l;
 l = *p0; p0 + +; p0 - -;
 h = *p0;
 BUF8253[x] = - (h*256 + l);  /*因8253减计数,应取其负值*/
```

```
}
void fcfb(void)          /*三个通道的取值函数*/
{
  p1_7 = 0;
  COM8253 = 0x0a;
  COM8253 = 0x4a;
  COM8253 = 0x8a;
  COM8253 = 0x0a;
  cbfp(&C1, 0);
  COM8253 = 0x4a;
  cbfp(&C1, 1);
  COM8253 = 0x8a;
  cbfp(&C3, 2);
}
void init8253(void)   /*初始化8253函数*/
{
  COM8253 = 0x3a;        /*选方式5*/
  C1 = 0;                /*设计数初值*/
  COM8253 = 0x7a;
  C2 = 0;
  COM8253 = 0xba;
  C3 = 0;
}
void main(void)
{
  init8253();
  usto();
  while(sn);             /*取1s定时到*/
  fcbf();
}
```

6.2　可编程外围并行接口 8255

　　8255 具有三个 8 位的并行接口，3 种工作方式，可通过编程改变其功能。端口既可以编程为普通 I/O 口，也可以编程为选通 I/O 口和双向传输口。8255 为总线兼容型的，可以与 8051 的总线直接接口。

6.2.1 8255 芯片的内部结构与引脚

8255 的内部结构如图 6.4 所示。

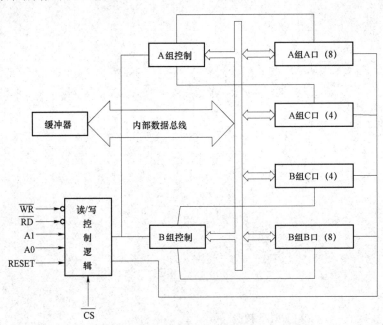

图 6.4 8255 的内部结构

8255 具有三个 8 位并行口 PA、PB、PC，通过编程为输入或输出端口，其中 C 口还可以编程为两个 4 位端口。三个端口的特点有所不同：A 口输入、输出都带锁存，B 口和 C 口输出有锁存，输入无锁存。

内部控制电路分为两组，A 组控制端口 A 和端口 C 的高 4 位；B 组控制端口 B 和端口 C 的低 4 位。控制电路包括了命令字寄存器，用来存放工作方式控制字。

8255 的引脚如图 6.5 所示。

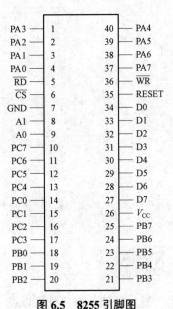

图 6.5 8255 引脚图

- D7~D0：双向数据线；
- RESET：复位输入；
- $\overline{CS}$：片选；
- $\overline{WR}$：写允许；
- $\overline{RD}$：读允许；
- PA7~PA0：端口 A；
- PB7~PB0：端口 B；
- PC7~PC0：端口 C；
- A1、A0：端口地址线选择，如表 6.2 所示。

表 6.2 端口地址线选择

A1	A0	选通的端口
0	0	A 口
0	1	B 口
1	0	C 口
1	1	控制寄存器

6.2.2 8255 的命令字和工作方式

8255 有两个命令字：工作方式选择控制字和 C 口置位/复位命令字。它们的编程状态决定 8255 各端口的工作方式。这两个命令字占用同一地址，由各自的标识位区别。

1. 工作方式选择控制字

8255 有三种工作方式选择：方式 0、方式 1 和方式 2。具体的方式选择，由方式命令字确定，其格式如图 6.6 所示。

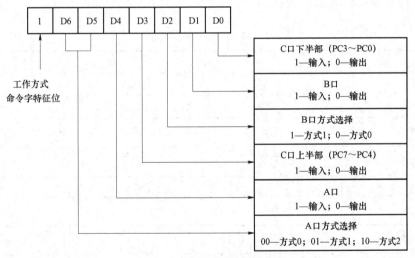

图 6.6 工作方式选择控制字

2. C 口置位/复位命令字

8255 的 C 口的输出具有位控制功能：按位置位或复位，置位时置"1"，复位时清"0"。其操作由 C 口的置位/复位命令字控制。其格式如表 6.3 所示。

表 6.3 C 口置位/复位命令字

0	×	×	×	D3	D2	D1	D0

- D7：命令字标识位。D7 为"0"时，是置位/复位命令字。
- D3、D2、D1：C 口的 8 个位选择。000~111 的 8 种状态分别对应 PC0~PC7 的 8 位。

- D0：置位/复位选择位。对 D3、D2、D1 确定的位进行置位或复位操作。D0＝1，则置"1"；D0＝0，则清"0"。

3. 8255 的工作方式

方式 0：是基本输入/输出方式。在方式 0 下，端口按方式选择命令字指定的方式进行输入或输出。输出时，具有端口锁存功能；输入时，只有 A 口有锁存功能，C 口的高 4 位、低 4 位可以分别确定输入或输出。

方式 1：是选通的输入/输出方式。在方式 1 下，8255 的 3 个端口被分成 A 组和 B 组。A 组中，A 口通常用于 I/O 口的数据传送，C 口的 3 位作为应答联络信号；B 组中，B 口也用于 I/O 口的数据传送，C 口的 3 位作为应答联络信号。

方式 2：是双向传输方式，该方式只适用 A 口。A 口工作在方式 2 时，C 口提供 5 个联络信号。方式 2 特别适用于像键盘、显示器这类的外部设备。有时需要把键盘上输入的编码信号通过 A 口送给单片机；同样，有时又需要把单片机的数据通过 A 口送给显示器显示。

在方式 1 中，若要改变 A 口或 B 口的输入或输出方式，需要对工作方式命令字重新编程。方式 2 则不需要改写方式命令字，仅由不同的联络信号控制。方式 1 和方式 2 把 C 口作为联络信号，具体如表 6.4 所示。

表 6.4 8255 的联络信号

C 口	方式 1		方式 2
	输入	输出	
PC0	INTRB	INTRB	I/O
PC1	$\overline{IBFB}$	$\overline{OBFB}$	I/O
PC2	$\overline{STBB}$	$\overline{ACKB}$	I/O
PC3	INTRA	INTRA	INTRA
PC4	$\overline{STBA}$	I/O	$\overline{STBA}$
PC5	IBFA	I/O	IBFA
PC6	I/O	$\overline{ACKA}$	$\overline{ACKA}$
PC7	I/O	$\overline{OBFA}$	$\overline{OBFA}$

其中：

$\overline{STB}$：选通信号输入，低电平有效。当 $\overline{STB}$ 信号有效时，端口数据打入输入缓冲器。

IBF：输入缓冲器满信号，高电平有效，是 8255 输出的状态信号，可供查询。

INTR：中断请求信号，高电平有效。当信号 $\overline{STB}$ 结束时 IBF 有效，即 $\overline{STB}$＝1 且 $\overline{IBF}$=0 时 INTR 为有效高电平，向 CPU 发中断请求。

$\overline{OBF}$：端口输出缓冲器满信号，低电平有效。它是 8255 发给外设的联络信号。

$\overline{ACK}$：外设应答信号，低电平有效。表示外设已将 8255 端口的数据取走。

6.2.3 8255 与 8051 的接口设计

例 6.2 8255 PA 口接一组开关，PB 口接一组指示灯。以下程序是将 R2 的内容送指示灯显示，开关状态读入 A 中。其中，PA、PB、PC、控制口地址为 7FFC～7FFFH。

图 6.7 所示为 8051 扩展 8255 与 I/O 接口连线图。

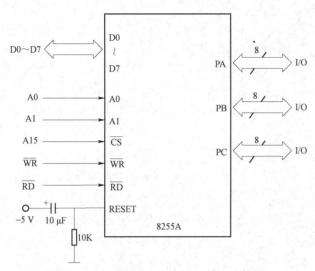

图 6.7 8051 扩展 8255 与 I/O 接口连线图

其程序如下：

```
#include <reg51.h>
#include <ABSACC.H>
void main ()
{
  XBYTE [0X7FFF] = 0X90;            //10010000B
  XBYTE [0X7FFD] = DBYTE [0X02];    //R2 TO PB
  DBYTE [0XE0]   = XBYTE [0X7FFC];
}
```

例 6.3 EPROM 编程器。

由 8031 扩展 1 片 EPROM 2716、2 片 SRAM 6116 及 1 片 8255 构成 EPROM 编程器，编程对象是 EPROM 2732。扩展系统中 EPROM 2716 用来存放固化用监控程序，用户的待固化程序放在 2 片 SRAM 6116 中；8255 的 A 口作编程器数据口，B 口输出 EPROM 2732 的低 8 位地址，PC3～PC0 输出 EPROM 2732 高 4 位地址，PC7 作 EPROM 2732 启动编程控制端与 PGM 相连。

译码地址为：SRAM 6116（1）：0800H～0FFFH；SRAM 6116（2）：1000H～17FFH；8255 的 A 口：07FCH；B 口：07FDH；C 口：07FEH；命令口：07FFH。

8255 的 A 口、B 口、C 口均工作在方式 0 输出，方式选择命令字为 80H；EPROM 2732 的启动编程和停止编程，由 PC7 的复位/置位控制，当 PC7＝0 时启动编程，PC7＝1 时，编程无效。

EPROM 编程函数 stprog.c 如下所示，参数为 RAM 起始地址、EPROM 起始地址和编程字节数。

```c
#include <absacc.h>
#include <reg51.h>
#define COM8255 XBYTE[ox07ff]
#define PA8255 XBYTE[ox07fc]
#define PB8255 XBYTE[ox07fd]
#define PC8255 XBYTE[ox07fe]
#define uchar unsigned char
#define uint unsigned int
void d1_ms(uint x);
void program(ram, eprom, con)
uchar xdata *ram;                  /*RAM 起始地址*/
uint eprom, con;                   /*EPROM 起始固化地址，固化长度*/
{
 int i;
 COM8255 = 0x80;                   /*送方式选择命令字*/
 COM8255 = 0x0f;                   /*PC7 = 1*/
 for (i = 0; i<con; i + + )
  {
    PA8255 = *ram;                 /*固化内容 A 口锁存*/
    PB8255 = eprom%256;            /*2732 地址低 8 位*/
    PC8255 = eprom/256;            /*2732 地址高 4 位*/
    eprom + + ;
    ram + + ;
    COM8255 = 0x0e;                /*PC7 = 0*/
    d1_ms(50);
    COM8255 = 0x0f;                /*PC7 = 1*/
  }
}
main()
{
 program(0x1000, 0x0000, 0x0100);
}
```

习　题

1. 简述可编程并行接口 8255A 的内部结构。
2. 8031 扩展 8255A，将 PA 口设置成输入方式，PB 口设置成输出方式，PC 口设置成输出方式，给出初始化程序。

3. 根据图 6.8 所示电路图写出 8255 芯片 4 个端口的地址。

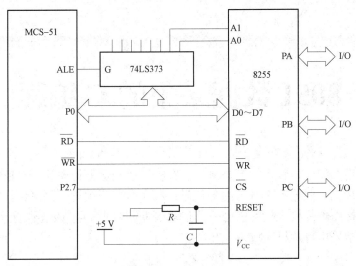

图 6.8　习题 3 用图

4. 设计一个简单的 MCS-51 单片机应用系统，要求用 8255 扩展 I/O 口，8255 的 A 口用作输入，A 口每一位接一个开关，B 口用作输出，B 口每一位接一个发光二极管，用线选法产生 8255 的片选信号，使 8255 的端口地址为 4000H～4003H，请：

（1）画出该单片机应用系统的硬件连接图。

（2）编写 A 口开关接通时 B 口相应位发光二极管点亮的程序。

5. 8253 初始化编程包含哪些内容？

6. 8253 每个计数通道与外设接口有哪些信号线？每个信号的用途是什么？

7. 试按如下要求分别编写 8253 的初始化程序，已知 8253 的计数器 0～2 和控制字寄存器 I/O 地址依次为 40H～43H。

（1）使计数器 1 工作于方式 0，仅用 8 位二进制计数，计数初值为 128。

（2）使计数器 0 工作于方式 1，按 BCD 码计数，计数值为 3 000。

（3）使计数器 2 工作于方式 2，计数值为 02F0H。

8. 设 8253 的通道 0～2 和控制端口的地址分别为 300H、302H、304H 和 306H，又设由 CLK0 输入计数脉冲频率为 2 MHz。要求通道 0 输出 1.5 kHz 的方波，通道 1 用通道 0 的输出作计数脉冲，输出频率为 300 Hz 的序列负脉冲，通道 2 每秒钟向 CPU 发 50 次中断请求。试编写初始化程序，并画出硬件连线图。

第 7 章

8051 数据采集的 C 编程

在单片机应用系统中,输出控制是单片机在实现控制运算处理后,对控制对象提供的输出通道接口。单片机主要输出 3 种形态的信号:数字量、开关量、频率量。被控对象的信号除上述 3 种可直接由单片机产生的信号外,还有模拟量控制信号,该信号通过 D/A 变换产生。步进电机控制也常采用单片机完成。

7.1 8 位 D/A 芯片 DAC0832

7.1.1 DAC0832 的结构与引脚

DAC0832 的结构和引脚如图 7.1 所示。

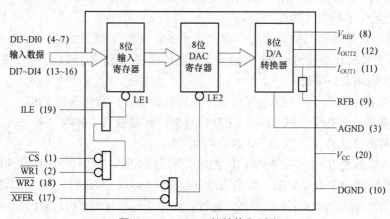

图 7.1 DAC0832 的结构和引脚

DAC0832 由 8 位输入寄存器、8 位 DAC 寄存器、8 位 D/A 转换器构成。DAC0832 既可以工作在双缓冲方式,也可以工作在单缓冲方式,无论哪种方式,只要数据进入 DAC 寄存器,便启动 D/A 转换。

- DI0~DI7:8 位数据输入端。
- ILE:输入寄存器的数据允许锁存信号。
- $\overline{CS}$:输入寄存器选择信号。

- $\overline{\text{WR1}}$：输入寄存器的数据写信号。
- $\overline{\text{XFER}}$：数据向 DAC 寄存器传送信号，传送后即启动转换。
- $\overline{\text{WR2}}$：DAC 寄存器写信号，并启动转换。
- I_{OUT1}、I_{OUT2}：电流输出端。
- V_{REF}：参考电压输入端。
- RFB：反馈信号输入端。
- V_{CC}：芯片供电电压。
- AGND：模拟地。
- DGND：数字地。

DAC0832 的输出是电流型的。在单片机应用系统中，通常需要电压信号，电流信号和电压信号之间的转换可由运算放大器实现。

7.1.2 8031 与 DAC0832 接口电路的应用

单片机与 DAC0832 的接口有直通方式、单缓冲方式、双缓冲方式 3 种连接方式。DAC0832 带有数据输入寄存器，是总线兼容型的，使用时可以将 D/A 芯片直接和数据总线相连，作为一个扩展的 I/O 口。在实际应用中，由于直通方式不能直接与系统的数据总线连接，需要另外增加锁存器，故应用较少。

例 7.1 编程设计 DAC0832 双缓冲接口。

DAC0832 工作于双缓冲方式时，输入寄存器的锁存信号与 DAC 寄存器的锁存信号是分开控制的，这种方式适用于几个模拟量需同时输出的系统，每一路模拟量输出需一个 DAC0832，构成多个 0832 同步输出系统。图 7.2 所示为二路模拟量同步输出的 8031 系统。DAC0832 的输出可以分别接图形显示器的 X、Y 偏转放大器输入端。

两片 DAC0832 的输入寄存器地址分别为 8FFFH 和 A7FFH，两个芯片的 DAC 寄存器地址都为 2FFFH。将 data1 和 data2 数据同时转换为模拟量的 C51 函数 dacdb.c 如下：

```
#include <absacc.h>
#include <reg51.h>
#define INPUT1 XBYTE[0x8fff]
#define INTUR2 XBYTE[0xa7ff]
#define DACR XBYTE[0x2fff]
#define uchar unsigned char
void dac2b(uchar data1,uchar data2)
uchar data1,data2;
{
  INPUT1 = data1;    /*送数据到一片DAC0832*/
  INPUT2 = data2;    /*送数据到另一片DAC0832*/
  DACR = 0;          /*启动两路D/A同时转换*/
}
```

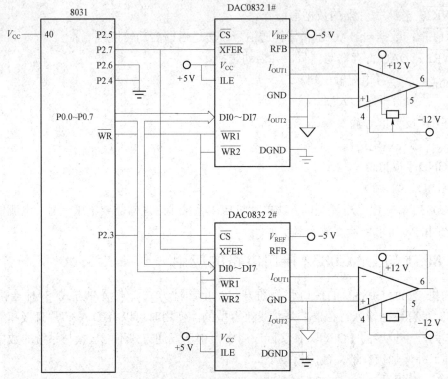

图 7.2 DAC0832 双缓冲接口图

例 7.2 编程设计 DAC0832 的单缓冲接口。

图 7.3 是 DAC0832 与 8031 的单缓冲方式接口，在单缓冲接口方式下，ILE 接 +5 V，始

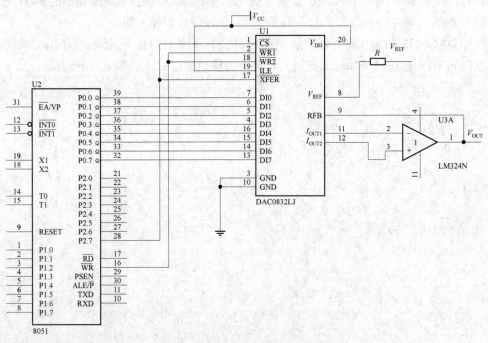

图 7.3 DAC0832 的单缓冲接口图

终保持有效。写信号控制数据的锁存，$\overline{WR1}$ 和 $\overline{WR2}$ 相连，接 8031 的 $\overline{WR}$，即数据同时写入两个寄存器；传送允许信号 $\overline{XFER}$ 与片选 $\overline{CS}$ 相连，即选中本片 DAC0832 后，写入数据立即启动转换。按照片选线确定该片 DAC0832 的地址为 FFFEH。这种单缓冲方式适用于只有一路模拟量输出的场合。

设计如下 C51 函数，分别写出产生锯齿波和方波的程序。

解：运算放大器输出端 V_{OUT} 直接反馈到 RFB，故这种接线产生的模拟输出电压是单极性的。

```c
#include <reg51.h>
#include <absacc.h>
#define DAC0832 XBYTE[0x7fff]     /* 定义DAC0832端口地址 */
#define uchar unsigned char
void delay(uchar t)
  {                               /* 延时函数 */
     while(t--);
  }
void saw(void)
  {                               /* 锯齿波发生函数 */
   uchar i;
   for (i = 0;i<255;i + + )
     {
        DAC0832 = i;
     }
  }
void square(void)
  {                               /* 方波发生函数 */
    DAC0832 = 0x00;
    delay(0x10);
    DAC0832 = 0xff;
    delay(0x10);
  }
void main(void)
  {
    uchar i,j;
    i = j = 0xff;
    while(i--)
   {
      saw();                      /* 产生一段锯齿波 */
   }
```

```
while(j--)
{
    square();                    /* 产生一段方波 */
}
}
```

7.2 8 位 A/D 芯片 ADC0809

7.2.1 ADC0809 的结构和引脚

ADC0809 是 8 位逐次逼近型的 A/D 转换器。有 8 个模拟量输入通道，芯片内带通道地址译码锁存器，输出带三态数据锁存器，启动信号为脉冲启动方式，每一通道的转换大约为 100 μs。

地址码（C、B、A）	选通模拟通道
0 0 0	IN0
0 0 1	IN1
0 1 0	IN2
0 1 1	IN3
1 0 0	IN4
1 0 1	IN5
1 1 0	IN6
1 1 1	IN7

图 7.4 所示为 ADC0809 的内部结构图。

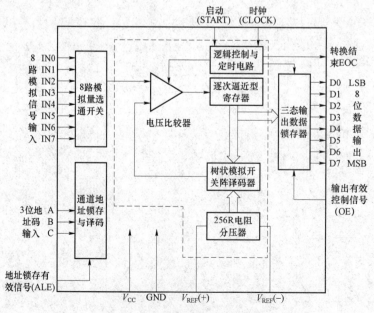

图 7.4 ADC0809 的内部结构图

- IN0~IN7：8 个模拟通道输入端。
- START：启动转换信号。
- EOC：转换结束信号。
- OE：输出允许信号。信号由 CPU 读信号和片选信号组合产生。
- CLOCK：外部时钟脉冲输入端，典型值为 640 kHz。
- ALE：地址锁存允许信号。
- A、B、C：通道地址线，C、B、A 的 8 种组合状态 000~111 对应了 8 个通道选择。
- V_{REF}（+）、V_{REF}（-）：参考电压输入端。
- V_{CC}：+5 V 电源。
- GND：地。

C、B、A 输入的通道地址在 ALE 有效时被锁存。启动信号 START 启动后开始转换，但是 EOC 信号是在 START 信号的下降沿 10 μs 后才变为无效的低电平，这要求查询程序待 EOC 无效后再开始查询，转换结束后由 OE 产生信号输出数据。

7.2.2 ADC0809 与 8031 的接口

电路连接主要涉及两个问题：一个是 8 路模拟信号的通道选择，另一个是 A/D 转换完成后转换数据的传送。

1. 8 路模拟通道选择

ADDA、ADDB、ADDC 分别接系统地址锁存器提供的末 3 位地址，只要把 3 位地址写入 ADC0809 中的地址锁存器，就实现了模拟通道选择。

2. 转换数据的传送

A/D 转换后得到的数据为数字量，这些数据应传送给单片机进行处理。数据传送的关键问题是如何确认 A/D 转换的完成，因为只有确认数据转换完成后才能进行传送。通常可采用下面 3 种方式。

（1）定时传送方式。对于一种 A/D 转换器来说，转换时间作为一项技术指标是已知的和固定的。

（2）查询方式。A/D 转换芯片有表示转换结束的状态信号，例如 ADC0809 的 EOC 信号。

（3）中断方式。如果把表示转换结束的状态信号（EOC）作为中断请求信号，那么，便可以中断方式进行数据传送。

不管使用上述哪种方式，一旦确认转换结束，便可通过指令进行数据传送。图 7.5 是 ADC0809 与 8031 的接口电路。

由图 7.5 可以看到，ADC0809 的启动信号 START 由片选线 P2.7 与写信号 $\overline{WR}$ 通过或非产生，这要求一条向 ADC0809 写操作指令来启动转换。ALE 与 START 相连，即按接入的通道地址接通模拟量并启动转换。输出允许信号 OE 由读信号 $\overline{RD}$ 与片选线 P2.7 通过或非产生，即一条 ADC0809 的读操作使数据输出。按照图中片选线的接法，ADC0809 的模拟通道 0~7 的地址为 7FF8H~7FFFH。输入电压 $V_{IN} = D \times V_{REF}/255 = 5D/255$。其中 D 为采集的数据字节。

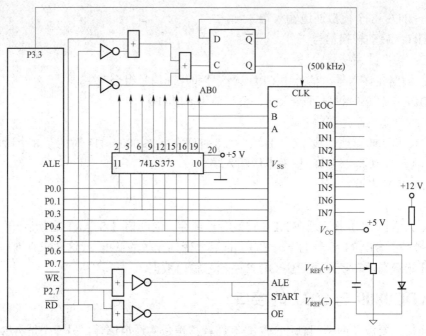

图 7.5 ADC0809 与 8031 接口电路图

例 7.3 8 路模拟信号的采集，编程实现之。

从 ADC0809 的 8 通道轮流采集一次数据，采集的结果放在数组 ad 中。程序名为 adc0809.c，其程序如下：

```c
#include <absacc.h>
#include <reg51.h>
#define uchar unsigned char
#define IN0 XBYTE[0x7ff8]      /*设置ADC0809的通道0地址*/
sbit ad_busy = p3^3;           /*即EOC状态*/
void ad0809(char idata *x)     /*采样结果放指针中的A/D采集函数*/
{
uchar i;
 uchar xdata *ad_adr;
 ad_acr = &IN0;
 for(i = 0; i<8; i++)          /*处理8通道*/
    {
     *ad_adr = 0;              /*启动转换*/
     i = i;                    /*延时等待EOC变低*/
     i = i;
     while(ad_busy ==  = 0);   /*查询等待转换结束*/
     x[i] = *ad_adr;           /*存转换结果*/
     ad_adr ++ ;               /*下一通道*/
    }
}
```

```
void main (void)
{
  static uchar idata ad[10];
  adc0809 (ad);                /*采样ADC0809通道的值*/
}
```

习　题

1. 在DAC0832中，分析下列函数的功能，其输出的波形是什么？

```
square()
{
  dac0832 = 0x00;
  delay( );
  dac0832 = 0xff;
  delay( );
}
```

2. 在DAC0832中，分析下列函数的功能，其输出的波形是什么？

```
saw()
{
  uchar k;
  for(k = 0;k<255;k + + )
  { dac0832 = k;}
}
```

3. 在DAC0832中，分析下列函数的功能，其输出的波形是什么？

```
saw()
{
  uchar i;
  for(i = 0x1a;i<0x80;i + + )
    { dac0832 = i;}
  for(i = 0x80;i>0x1a;i--)
    { dac0832 = i;}
}
```

4. 判断题。

（1）DAC0832是8位D/A转换器，其输出量为数字电流量。

（2）ADC0809是8路8位A/D转换器，其工作频率范围是10 kHz～1.2 MHz。

（3）DAC0832的片选信号输入线$\overline{CS}$，低电平有效。

（4）DAC0832利用$\overline{WR1}$、$\overline{WR2}$、$\overline{XFER}$控制信号可以构成三种不同的工作方式。

5. ADC0809与8051的接口连接图如图7.6所示，请问：

（1）如何启动 ADC0809 对 IN0 的输入进行 A/D 转换？

（2）8051 如何知道 ADC0809 转换结束？执行什么样的程序段可以将转换的结果存入内部 RAM 20H 单元？

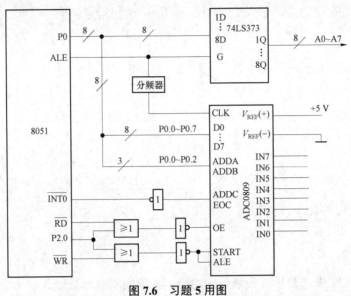

图 7.6　习题 5 用图

6. DAC0832 与 8051 的接口连接图如图 7.7 所示，请问：

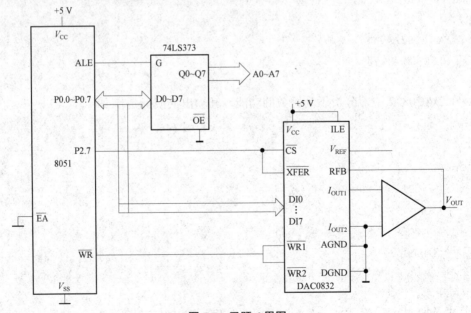

图 7.7　习题 6 用图

（1）如何启动 DAC0832 进行 D/A 转换？

（2）编写将数字量 50H 转换为模拟量的程序段。

（3）设待转换数字量对应的十进制数为 D，写出输出电压 V_{OUT} 的表达式。

第 8 章

8051 单片机与输入/输出外设的 C 编程

人机交互由单片机应用系统中配置的外部设备构成,它是应用系统与操作人员间交互的窗口,是系统与外界联系的纽带和界面。一个安全可靠的应用系统必须具有方便灵活的交互功能,它既能及时反映系统运行的重要状态,又能在必要时实现适当的人工干预。

8.1 键盘和数码显示

单片机应用系统经常使用简单的键盘和显示器件来作为完成输入/输出操作的人机界面。

8.1.1 矩阵式键盘与 8051 的接口

键盘是单片机最简单的输入设备,可以实现简单的人机交互。键盘按其结构形式可以分为非编码键盘和编码键盘。非编码键盘用软件的方法产生编码,编码键盘用硬件的方法产生编码。由于非编码键盘结构简单、成本低廉,因此通常在单片机应用系统中采用。非编码键盘又分为独立式键盘和矩阵式键盘两种。

独立式键盘与单片机连接时,每个按键都需要单片机的一个 I/O 口,若某单片机系统需要多个按键时,为了节省 I/O 口资源,通常会使用矩阵式键盘。

无论是独立式键盘还是矩阵式键盘,单片机检测按键是否被按下的依据都是一样的,键盘输入信息的主要过程是:

(1) CPU 判断是否有键按下;
(2) 确定哪一个键被按下;
(3) 把此键代表的信息翻译成计算机可以识别的代码,如 ASCII 或其他特征码。

图 8.1 是 8051 与行列式键盘的接口电路。P3 口作键盘接口,P3.0~P3.3 作键盘的行扫描输入线,P3.4~P3.7 作列检测输入线。键的识别功能,就是判断键盘中是否有键按下,若有键按下则确定其所在的行列位置。

程序扫描法是一种常用的按键识别方法。在这种方法中,只要 CPU 有空闲,就调用键盘扫描程序,查询键盘并给予处理。

例 8.1 编写 4×4 键盘的扫描程序。

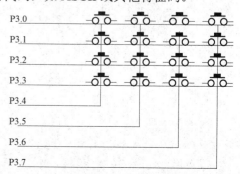

图 8.1 8051 与行列式键盘的接口电路

程序查询的内容如下：

（1）查询是否有键按下。首先向扫描口 P3.0～P3.3 输出全"0"扫描码 F0H，然后从列检测口 P3.4～P3.7 输入列检测信号，只要有一列信号不全为"1"，即 P3 口不为 F0H，则表示有键按下。

（2）查询按下键所在的行列位置。单片机将得到的信号取反，P3.4～P3.7 中为 1 的位便是键所在的列。接下来要确定键所在的行，需进行逐行扫描。首先是 P3.0 接地，P3.1～P3.7 为"1"，即向 P3 口发送扫描码 FEH，接着输入列检测信号，若为全"1"，表示不在第一行。接着是 P3.1 接地，其余为"1"，再读入列信号。这样逐行发"0"扫描码，直到找到按下键所在的行，并将该行扫描码取反保留。当各行都扫描以后仍没有找到，则放弃扫描，认为是键的误动作。

（3）对得到的行号和列号进行译码，译码后得到相应的键值。

（4）按键的抖动处理。当按下一个键时，往往会出现按键在闭合位置和断开位置之间跳几下才稳定到闭合状态的情况。在释放一个键时，也会出现类似的情况，这就是按键抖动。按键抖动持续的时间不一，一般情况下不会大于 10 ms。若抖动问题不解决，则会引起对闭合键的多次读入，而造成误读的情况。对于按键去抖动，通常采用软件延时的方法来消除。即当发现有键按下后，不是立即进行逐行扫描，而是执行一段延时 10 ms 的子程序后再进行。由于按键按下的时间一般会持续上百毫秒，因此，延时后再扫描也来得及。

对于图 8.1，可编写如下的扫描程序，该函数的返回值为键特征码，若无键按下，返回值为 0。程序名为 key.c，其程序如下：

```c
#include <reg51.h>
#define uchar unsigned char
#define uint unsigned int
void delaylms(uchar xms);
uchar kbscan( );
void main( )
{
 uchar key;
 while(1)
   {
    key = kbscan();
    delaylms(uchar xms);
   }
}
void delaylms(uchar xms)
{
 uchar i,j;
 for(i = xms;i>0;i--)    /*i = x ms 即延时约 x ms*/
    for(j = 100;j>0;i--)
}
```

```
uchar kbscan( )         /*键扫描函数*/
{
 uchar sccode,recode;
 P3 = 0xf0;                /*发全"0"行扫描码,列线输入*/
 if((P3&0xf0)! = 0xf0))   /*若有键按下*/
   {
    delaylms();            /*延时去抖动*/
    if((P3&0xf0)! = 0xf0;
     {
      sccode = 0xfe;       /*逐行扫描初值*/
       while((sccode&0x10)! = 0)
          {
           P3 = sccode;    /*输出行扫描码*/
            if((P3&0xf0)! = 0xf0)   /*本行有键按下*/
              {
               recode = (P3&0xf0)|0x0f;
               return((~sccode) + (~recode));  /*返回特征字节码*/
              }
            else sccode = (sccode<<1)|0x01;   /*行扫描码左移一位*/
          }
     }
   }
 return(0);      /*无键按下,返回值为0*/
}
```

8.1.2 七段 LED 显示器与 8051 的接口

LED 显示器由发光二极管构成,也称数码管,在单片机中的应用非常普遍。通常所说的 LED 显示器由 7 个发光二极管构成,因此称为七段 LED 显示器,数码显示器分为发光管的 LED 和液晶的 LCD 两种。点亮数码显示器包含静态和动态两种方式。

LED 显示器工作在静态显示方式时,其阴极(或其阳极)各点连接在一起并接地(或接 +5 V),每一个的段选线(a、b、c、d、e、f、g、dp)分别与一个 8 位口相连。LCD 数码显示只能工作在静态显示,并要求加上专门的驱动芯片 4056。

LED 显示器工作在动态显示方式时,段选码端口 I/O1 用来输出显示字符的段选码,I/O2 输出位选码。I/O1 不断送待显示字符的段选码,I/O2 不断送出不同的位扫描码,并使每位显示字符停留显示一段时间,一般为 1~5 ms,利用人眼的视觉暂留效应和发光二极管熄灭时的余辉效应,便可以从显示器上见到多个字符同时显示。

例 8.2 编写 LED 的动态显示程序。
8051 与 LED 显示器接口图如图 8.2 所示。

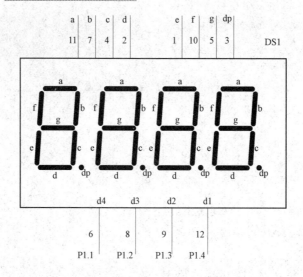

图 8.2 8051 与 LED 显示器接口图

打开锁存器的锁存端,使数码管和 P0 口直通,向 P0 口送段选码,依次打开数码管的位选端,延时 1 s,再依次关闭数码管的位选端,如此循环往复。

其程序如下:

```c
#include <reg51.h>
#define uchar unsigned char
#define uint unsigned int
uchar code dispcode[] = {0x3f,0x06,0x5b,0x4f,0x66,0x6d,0x7d,0x07,0x7f,0x6f};
                        //0~9 共阴显示子码
sbit LOCK = P1^0;       //定义锁存端
sbit D1 = P1^1;         //数码管位选第一位
sbit D2 = P1^2;         //数码管位选第二位
sbit D3 = P1^3;         //数码管位选第三位
sbit D4 = P1^4;         //数码管位选第四位
/*********************毫秒级延时函数    **********************/
void delayms(uint ms)
```

```c
{
   uchar b;
   while(ms--)
   {
      for(b = 0;b<125;b + + );
   }
}
/*********************主函数*********************/
void main()
{
    LOCK = 1;                        //高电平通,低电平锁
                                     //此程序因为不复用端口,所以让它全通

    while(1)
    {
        D1 = 0;                      //依次打开全部位选
        P0 = dispcode[8];            //把数组的第八位(7)取出来赋给P0
        delayms(1000);
        D1 = 1;
        delayms(1000);
        D2 = 0;
        P0 = dispcode[7];            //把数组的第七位(6)取出来赋给P0
        delayms(1000);
        D2 = 1;
        delayms(1000);
        D3 = 0;
        P0 = dispcode[6];            //把数组的第六位(5)取出来赋给P0
        delayms(1000);
        D3 = 1;
        delayms(1000);
        D4 = 0;
        P0 = dispcode[5];            //把数组的第五位(4)取出来赋给P0
        delayms(1000);
        D4 = 1;
        delayms(1000);
    }
}
```

8.2 字符型 LCD 显示模块

液晶显示器以其微功耗、体积小、质量轻、超薄型等诸多其他显示器无法比拟的优点,

在袖珍式仪表和低功耗应用系统中，得到越来越广泛的应用。

8.2.1 字符型 LCD 的结构和引脚

字符型 LCD 是一种用 5×7 点阵图形来显示字符的液晶显示器。LCD 的内部结构如图 8.3 所示。

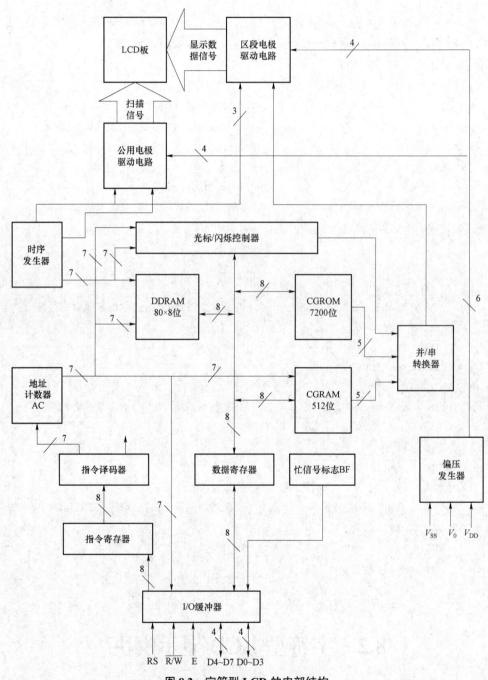

图 8.3 字符型 LCD 的内部结构

- DDRAM：显示数据 RAM。用来寄存待显示的代码。
- CGROM：字符发生器 ROM。它内部已经存储了 160 个不同的点阵字符图形，字符图形用于字符的显示。
- CGRAM：字符发生器 RAM。它是 8 个允许用户自定义的字符图形 RAM。
- DDRAM 的地址：LCD 控制器的指令系统规定，在送待显示字符代码的指令前，先要送 DDRAM 的地址，实际上是待显示的字符显示位置。若 LCD 为双行字符显示，每行 40 个显示位置，第一行地址为 00H～27H；第二行地址为 40H～67H。双行显示的 DDRAM 地址与显示位置的对应关系如表 8.1 所示。

表 8.1　双行显示的 DDRAM 地址与显示位置的对应关系

显示位置		1	2	3	4	5	6	7	…	39	40
DDRAM 地址	第一行	00H	01H	02H	03H	04H	05H	06H	…	26H	27H
	第二行	40H	41H	41H	43H	44H	45H	46H	…	66H	67H

- 指令寄存器：用来接收 CPU 送来的指令码；也寄存 DDRAM 和 CGRAM 的地址。
- 数据寄存器：用来寄存 CPU 发来的字符代码数据。
- 状态标志位：LCD 控制器有一个忙信号标志位 BF。当 BF=1 时，LCD 正在进行内部操作，此时不接收外部命令。
- AC：地址计数器。AC 的内容是 DDRAM 或 CGRAM 的单元地址。当对 DDRAM 或 CGRAM 进行读写操作后，AC 自动加 1 或减 1。
- 光标/闪烁控制器：此控制器可产生光标或使光标在显示位置处闪烁，显示位置为 AC 中的 DDRAM 地址。

字符型 LCD 显示板通常有 14 条引脚线，这 14 条线的定义是标准的，其定义如下：
- V_{SS}（1）：地。
- V_{DD}（2）：电源电压。
- V_0（3）：对比调整电压。
- RS（4）：寄存器选择。RS=0 时，读状态寄存器或写命令寄存器；RS=1 时，读写数据。
- $\overline{R/W}$（5）：读写信号线。$\overline{R/W}$=1 时，读操作；$\overline{R/W}$=0 时，写操作。
- E（6）：显示板控制使能端。
- D0～D7（7～14）：8 位双向三态 I/O 线。

8.2.2　显示板控制器的指令系统

字符型 LCD 显示板控制器有 11 条指令，它的读写操作、屏幕和光标的操作都是通过对指令的编程来实现的。LCD 控制器的 11 条指令如表 8.2 所示。

表 8.2　LCD 控制器的指令

指　　令	RS	$\overline{R/W}$	D7	D6	D5	D4	D3	D2	D1	D0
清显示	0	0	0	0	0	0	0	0	0	0
光标返回	0					0	0	0		
置输入模式	0		0	0	0	0	0	1	I/D	S
显示开关控制	0	0					1	D	C	B

续表

指　令	RS	$\overline{R/W}$	D7	D6	D5	D4	D3	D2	D1	D0
光标或字符移位	0	0	0	0	0	1	S/C	R/L	*	*
置功能	0	0	0	0	1	DL	N	F	*	*
置字符发生存储器地址	0	0	0	1	字符发生存储器地址（AGG）					
置数据存储器地址	0	0	1	显示数据存储器地址（ADD）						
读忙标志或地址	0	1	BF	计数器地址（AC）						
写数到 CGRAM 或 DDRAM	1	0	要写的数							
从 CGRAM 或 DDRAM 读数	1	1	读出的数据							

指令表 8.2 中 D0～D7 位所使用的字符说明如下：

I/D=1/0：增量/减量。

S=1：全显示屏移动。

S/C=1/0：显示屏移动/光标移动。

R/L=1/0：右移/左移。

DL=1/0：8 位/4 位。

N=1/0：2 行/1 行。

F=1/0：5×10 点阵/5×7 点阵。

BF=1/0：内部操作正在进行/允许指令操作。

*：无关项。

下面逐条解释各指令的功能：

● 指令 1：清显示，光标复位到地址 00H 位置。

● 指令 2：光标复位，光标返回到地址 00H。

● 指令 3：读/写方式下的光标和显示模式设置命令。

I/D：表示地址计数器的变化方向，即光标移动的方向。

I/D=1：AC 自动加 1，光标右移一个字符位。

I/D=0：AC 自动减 1，光标左移一个字符位。

S：显示屏上画面向左或向右全部平移一个字符位。

S=0：无效；S=1：有效。

S=1，I/D=1：显示画面左移。

S=1，I/D=0：显示画面右移。

● 指令 4：显示开关控制，控制显示、光标、光标闪烁的开关。

D：当 D=0 时显示关闭，DDRAM 中数据保持不变。

C：当 C=1 时显示光标。

B：当 B=1 时光标闪烁。

● 指令 5：光标或显示移位，但 DDRAM 中内容不改变。

S/C=1 时，移动显示；S/C=0 时，移动光标。

R/L=1 时，为右移；R/L=0 时，为左移。

● 指令 6：功能设置命令。

DL=1 时，内部总线为 4 位宽度 DB7～DB4；DL=0 时，内部总线为 8 位宽度。

N=0 时，单行显示；N=1 时，双行显示。

F=0 时，为显示字型 5×7 点阵；F=1 时，为显示字型 5×10 点阵。

- 指令 7：CGRAM 地址设置。
- 指令 8：DDRAM 地址设置。
- 指令 9：读状态标志和 AC 中地址。
- 指令 10：写数据。
- 指令 11：读数据。

LCD 显示板与单片机的接口如图 8.4 所示。

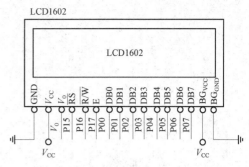

图 8.4　LCD 显示板与单片机的接口图

例 8.3　编程设计用字符型的 LCD 显示模块来显示字符。

下面是在双行显示板的第一行显示"i love mcu"，第二行显示"welcome to using"的程序：

```c
#include <reg51.h>
#define uint unsigned int
#define uchar unsigned char

sbit lcdrs = P1^5;          //1602:0 写指令,1 写数据
sbit lcdwr = P1^6;          //1602 读写信号
sbit lcden = P1^7;          //1602 片选信号


uchar code dispbuf[] = " i love mcu";
uchar code dispbuf1[] = "welcome to using";

/***********************1 ms 延时函数***********************/
void delayms(uint ms)
{
    uint y;
    while(ms - -)
    {
        for(y = 0;y<125;y + + );
    }
}


/*********************LCD 写指令、写数据*********************/
void write_comdata(uchar rs,uchar comdata)
{
    lcdrs = rs;             //0 写指令,1 写数据
    lcdwr = 0;              //0 写数据,1 读数据
    P0 = comdata;
```

```c
    lcden = 1;
    delayms(1);
    lcden = 0;
}

/*********************以指针形式写一个字符串*********************/
void write_charchuan(uchar add, uchar *zfc)
{
    write_comdata(0,add);
    for(;*zfc! = '\0';zfc + + )
    {
        write_comdata(1,*zfc);
    }


}

/*********************LCD 初始化*********************/
void lcdinitial()
{
    lcden = 0;
    write_comdata(0,0x38);          //显示模式 5 × 7
    write_comdata(0,0x0C);
    write_comdata(0,0x06);          //设置指针 + 1,屏幕不移动
    write_comdata(0,0x01);          //清屏
    write_comdata(0,0x80);          //初始化显示地址
}

/*********************主函数*********************/
main()
{
    lcdinitial();                               //液晶显示初始化
    write_charchuan(0x80,dispbuf);              //写第二行字
    write_charchuan(0x80 + 0x40,dispbuf1);      //写第一行字
    while(1);
}
```

8.3　点阵型 LCD 显示模块

以内部为 HD61830 控制器的液晶模块 MGLS-240128 为例,来介绍点阵型 LCD 显示模块的应用。

8.3.1 HD61830 的特点和引脚

1. HD61830 的特点

（1）HD61830 是点阵式液晶图像显示控制器，可与 M6800 系列相适配的 MPU 直接接口。

（2）具有专用指令集，可完成文本显示或图形显示的功能设置，以及实现画面卷动、光标闪烁、位操作等功能。

（3）HD61830 可管理 64 KB 显示 RAM，其中图形方式为 64 KB，字符方式为 4 KB。

（4）内部字符发生器 CGROM 共有 192 种字符。其中 5×7 字体 160 种，5×11 字体 32 种，HD61830 还可以外接字符发生器，使字符量达到 256 种。

（5）HD61830 可以静态方式显示，亦可以最大为 1/128 占空比的动态方式显示。

2. HD61830 的受控引脚

（1）D7~D0：三态数据总线。

（2）$\overline{CS}$：输入片选信号，低电平有效。

（3）E：输入使能信号，高电平有效。

（4）$\overline{R/W}$：输入读、写选择信号。

- $\overline{R/W}$ = 1 表示 MPU 读取 HD61830 的信息。
- $\overline{R/W}$ = 0 表示 MPU 向 HD61830 写入数据。

（5）RS：输入寄存器选择信号。

- RS = 1 表示指令寄存器及忙标志位。
- RS = 0 表示数据寄存器。

（6）$\overline{RES}$：输入复位信号，低电平有效。

HD61830 的工作时序如图 8.5 所示。

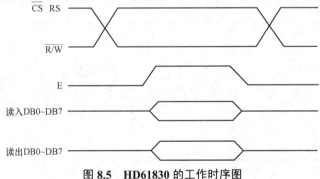

图 8.5 HD61830 的工作时序图

从时序上分析 MPU 与 HD61830 联络的关键信号是使能信号 E。读写信号 $\overline{R/W}$ 可认为是数据总线上数据流方向的控制信号，使能信号 E 在读、写操作过程中的作用如表 8.3 所示。

表 8.3 HD61830 的控制信号

RS	$\overline{R/W}$	E	功　能
0	0	↓	写数据或指令参数
0	1		读数据

续表

RS	$\overline{R/W}$	E	功　能
1	0	↓	写指令代码
1	1		读忙标志位

8.3.2　HD61830 指令集

HD61830 的指令结构是一致的，一条指令由一个字节的指令代码与一个字节的指令参数组成。

（1）方式控制：指令代码为 00H。向指令寄存器写入 00 后紧接着向数据存储器写入参数即可定义显示方式。方式控制参数格式如下：

0	0	D5	D4	D3	D2	D1	D0

- D0：字符发生器选择位。0 时为 CGROM，1 时为 EXCGROM。
- D1：显示方式选择位。0 时为文本方式，1 时为图形方式。
- D2、D3 组合实现功能如表 8.4 所示。

表 8.4　D2、D3 组合实现功能

D3	D2	功　能
0	0	光标禁止
0	1	启用光标
1	0	光标禁止，字符闪烁
1	1	光标闪烁

- D4：工作方式选择位。0 时为从方式，1 时为主方式。
- D5：显示状态选择位。0 时为禁止显示，1 时为启用显示。

（2）字体设置：指令代码为 01H。该指令设置文本方式下字符的点阵大小，指令参数格式如下：

D7	D6	D5	D4	D3	D2	D1	D0
	VP－1				HP－1		

- VP：字符点阵行数，取值范围为 1～16。
- HP：字符点阵列数，图形方式表示一个字节显示数据的有效位数，HP 的取值范围为 6、7、8。

（3）显示域设置：指令代码为 02H。该指令参数如下：

0	HN－1

● HN：为一行显示所占的字节数，其取值范围为 2～128 内的偶数值，由 HN 和 HP 可得显示屏有效显示列数 $N = HN \times HP$。

（4）帧设置：指令代码为 03H。该指令参数如下：

0	NX−1

● NX：为显示时的帧扫描行数，其倒数即为占空比。

（5）光标位置设置：指令代码为 04H。文本方式下光标为一行点阵显示，该指令用来指明该行点阵在字符体中的第几行，指令参数格式如下：

0	0	0	0	CP−1

● CP：表示光标在字符体中的行位置，CP 取值范围在 1～VP。

（6）SADL 设置：指令代码为 08H。

（7）SADH 设置：指令代码为 09H。

上面两条指令设置显示缓冲区起始地址，它们的指令参数分别是该地址的低位和高位字节。该地址对应着显示屏上左上角显示的位。显示缓冲区单元（即 RAM 单元）与显示屏上的显示位的一一对应关系如表 8.5 所示。

表 8.5 显示缓冲区单元与显示屏上的显示位的一一对应关系

SAD	SAD+1	…	SAD+HN−1
SAD+HN	SAD+HN+1	…	SAD+2HN−1
⋮	⋮	⋮	⋮
SAD+*M*HN	SAD+*M*HN+1	…	SAD+（*M*+1）HN−1

（8）CACL 设置：指令代码为 0AH。

（9）CACH 设置：指令代码为 0BH。

上面两条指令设置光标地址指针，它们的指令参数即是该光标地址指针的低位和高位字节。其作用一是用来指示当前要读、写显示缓冲区单元的地址；二是用在文本方式下，指出光标或闪烁字符在显示屏上的位置。

（10）数据写：指令代码为 0CH。

该指令代码写入指令寄存器后，以下向数据寄存器写入的数据都将送入光标地址指针所指向单元的显示缓冲区单元。该指令功能的终止将由下一条指令的输入完成。

（11）数据读：指令代码为 0DH。

该指令代码写入后，紧跟着一次"空读"操作后，就可以连续读出当前光标地址指针所指向单元的内容。

（12）位清零：指令代码为 0EH。

（13）位置"1"：指令代码为 0FH。

以上两条指令的功能是将光标地址指针所指向的显示缓冲区单元中的字节某位清零或置"1"。指令执行一次光标地址指针自动增 1。指令参数格式为：

| 0 | 0 | 0 | 0 | 0 | NB-1 |

NB：表示清零或置"1"功能，取值1~8，对应该字节的LSB~MSB。

8.3.3　与内藏HD61830的液晶模块的接口和编程

整个模块有18个外引出线可供接口使用，其引脚顺序如下。

1	2	3	4	5	6	7~14	15	16	17	18
GND	V_{CC}	V_0	RS	$\overline{R/W}$	E	$\overline{DB0}\sim\overline{DB7}$	$\overline{CS}$	$\overline{RST}$	LED+	LED-

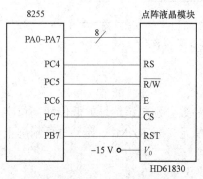

图8.6　8255与LCD连接图

其中GND、V_{CC}为地和+5V电源。V_0为负向液晶驱动电源，对MGLS-240128来说V_0的取值为-15V左右。4~10引脚含义见HD61830的引脚说明。LED+和LED-为接背景光时的电源。

图8.6是采用间接方式用8255控制MGLS-240128模块的接口电路，8255的地址为8000H~8003H。

例8.4　用点阵型LCD显示模块显示英文字符串，编程实现之。

下面是显示字符串"WELCOME"的程序welc.c，程序包括显示字符串函数disstr，写指令函数wcode和写数据函数wdata。

```c
#include <reg51.h>
#include <absacc.h>
#define uchar unsigned char
#define uint unsigned int
#define PA XBYTE[0x8000]
#define PB XBYTE[0x8001]
#define PC XBYTE[0x8002]
#define COM XBYTE[0x8003]
#define DELAY 3
uchar idata welc[11] = {0x20,0x57,0x45,0x4c,0x43,0x4f,0x4d,0x45,0x21,0x20,
                0x00};/*"WELCOME"*/
uchar idata sade,sadh;
uchar idata addl,addh;
void wcode(uchar c);
void wdata(uchar d);
void disstr(uchar idata *str);
void main(void)
{
```

```
  COM = 0x81;
  PB = 0x00;PB = 0xf0;/*MGLS-240128 模块复位*/
  disstr(welc);       /*显示字符串*/
  while(1);
}
void wcode(uchar c)    /*写指令代码*/
{
  uchar i = DELAY;
  while(i)i--;
  PC = 0x9f;PA = c;PC = 0xdf;PC = 0x5f;PC = 0x1f;PC = 0x9f;
}
void wdata(uchar d)   /*写指令参数*/
{
  uchar i = DELAY;
      while(i)i--;
  PC = 0x8f;PA = d;PC = 0xcf;PC = 0x4f;PC = 0x0f;PC = 0x8f;
}
void comd(x,y)    /*写一条指令*/
uchar x,y;
{
  wcode(x);
  wdata(y);
}
void disstr(uchar idata *str)
{
  uchar i,j;
  comd(0x00,0x3c);    /*方式设置,主方式显示,光标闪烁,文本方式,选用 CGROM*/
  comd(0x01,0x77);    /*字体设置,VP = 8,HP = 8,8 × 8 字体*/
  comd(0x02,0x1d);    /*显示域设置,HN = 30,即一行显示 30 个字符*/
  comd(0x03,0x7f);    /*帧设置,NX = 128,即占空比为 1/128*/
  comd(0x04,0x07);    /*光标设置,CP = 8,光标位于字符的最下端*/
  sadl = 0x00;
  sadh = 0x00;
  comd(0x08,sadl);
  comd(0x09,sadh);    /*设置缓冲区起始地址*/
  comd(0x0a,0x00);
  comd(0x0b,0x00);
  wcode(0x0C);
  for(j = 0;j<10;j + + )wdata(0x20);/*清屏*/
```

```
addl = 0x00;addh = 0x00;
comd(0x0a,addl);
comd(0x0b,addh);        /*设置光标地址指针*/
i = 0;
wcode(0x0C);
while(str[i]! = 0x00)
   {
     wdata(str[i]);     /*输出字符*/
      i + + ;
   }
}
```

例 8.5 用点阵型 LCD 显示模块显示中文字符串,编程实现之。

显示汉字(16×16 点阵)必须使用图形方式,HD61830 图形方式时显示缓冲区单元与显示屏的对应关系如图 8.7 所示。

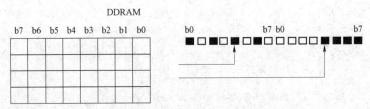

图 8.7　显示缓冲区单元与显示屏的对应关系

上面的显示格式与我们的习惯正好相反,如我们想在显示屏上显示 10010110,则须向 RAM 中写入 01101001,为适应我们的习惯,编制的函数 inva 将字节的各位倒转。

16×16 汉字共有 32 个字节,这 32 个字节存放方式如表 8.6 所示。

表 8.6　32 个字节存放方式

1	17
2	18
⋮	⋮
16	32

下面的程序 lcdhz.c 显示 2000H 地址开始存储的五个汉字"北京欢迎您"。

```
#include <reg51.h>
#include <absacc.h.>
#define uchar unsigned char
#define uint unsigned int
#define COM XBYTE[0x8003]
#define PA XBYTE[0x8000]
#define PB XBYTE[0x8001]
#define PC XBYTE[0x8002]
```

```c
#define ZK XBYTE[0x2000]
#define DELAY 3
uchar code *hzp;
void dishz(uint chn);
void comd(uchar x,uchar y);
void wcode(uchar c);
void wdata(uchar d);
uchar inva(uchar b);
void main(void)
{
 int i;
 uint sad;
 for(i = 0;i<1000;i + + )
  {}
 COM = 0x81;
 PB = 0x00;PB = 0xf0;      /*MGLS-240128 模块复位*/
 comd(0x00,0x32);          /*方式设置,方式显示,光标禁止,图形方式,选用 CGROM*/
 comd(0x01,0x07);          /*字体设置 1 × 8 字体*/
 comd(0x02,0x1d);          /*显示域设置,一行 30 个字符*/
 comd(0x03,0x7f);          /*帧设置,占空比为 1/128*/
 comd(0x08,0x00);
 comd(0x09,0x00);          /*设置缓冲区起始地址*/
 comd(0x0a,0x00);
 comd(0x0b,0x00);          /*设置光标地址指针*/
 wcode(0x0C);
 for(i = 0;i<3840;i + + )wdata(0x00);   /*清屏*/
 sad = 0;
 hzp = &ZK;                /*显示 ZK 地址的汉字串*/
 while(sad<10)
   {
    dishz(sad);
    sad + = 2;
   }
 while(1);
}
void wcode(uchar c)    /*写指令代码*/
{
 uchar i = DELAY;
 while(i)i--;
```

```c
    PC = 0x9f;PA = c;PC = 0xdf;PC = 0x5f;PC = 0x1f;PC = 0x9f;
}
void wdata(uchar d)      /*写指令参数*/
{
 uchar i = DELAY;
 while(i)i--;
 PC = 0x8f;PA = d;PC = 0xcf;PC = 0x4f;PC = 0x0f;PC = 0x8f;
}
void comd(x,y)           /*写一条指令*/
uchar x,y;
{
 wcode(x);
 wcode(y);
}
uchar inva(uchar b)      /*字节各位倒转*/
{
 uchar v1 = 0;
 uchar v2 = 0;
 char i;
 uchar j1 = 0x80;
 uchar j2 = 0x01;
 for(i = 7;i> = 1;i = i-2)
    {
     v1 = ((b<<i)&j1)|v1;
     v2 = ((b>>i)&j2)|v2;
     j1 = j1>>1;
     j2 = j2<<1;
    }
 return(v1|v2);
}
void dishz(chn)          /*显示一汉字*/
uint chn;
{
  uchar i,j,k;
  uchar addl,addh;
  for(i = 0;i<2;i + +)
    {
     addl = chn%256;
     addh = chn/256;
```

```
            for(j = 0;j<16;j + + )
              {
              wcode(0x0a);wdata(addl);
              wcode(0x0b);wdata(addh);
              k = inva(*hzp);
              wcode(0x0C);wdata(k);
              hzp + + ;
              addl + = 30;
              if(addl<30)adh + + ;
              }
           chn + + ;
         }
}
```

2000H 地址开始放置的汉字由 Intel 十六进制文件 ZK2000.HEX 得到。十六进制文件 ZK2000.HEX 格式如下：

```
:10200000040404047C0404040404041CE4440004
:10201000808088A0C0808080808082827E00DE
:102020000201010010101F010909911250214
:10203000000004FE10F8101010F000403018080006
:10204000000FC044546828102824448101020CA5
:10205000808080FC044840404040A0A010080E046E
:1020600004126140404F41415161410102847037
:10207000000847E44444444C4445448404046FC0008
:1020800009091312345991121411100251509000F92
:102090000000FC044840504C44408000849212F020
```

从微机的汉字库中提取汉字字模数据是当前液晶显示器件应用的设计人员建立系统专用汉字库比较简捷的方法。下面为使用 Turbo C2.0 在 UCDOS 下借用其汉字库 hzk16 生成 ZK2000.HEX 的程序 hanzk.c。

```
#include <stdio.h>
#include <garphics.h>
#define uchar unsigned char
FILE *fp;
uchar data[2][32];
unsdinge int total[2] = {0,0};
char table[16] = {'0','1','2','3','4','5','6','7','8','9','A','B','C','D','E','F'};
void getzm(void)
{
 int i,j,k;
 uchar dot[16][2];
```

```c
    for(i = 0;i<16;i + + )
      {
       for(j = 0;j<2;j + + )
       dot[i][j] = fgetc(fp);     /*读汉字字模*/
      }
    for(j = 0;j<2;j + + )
      {
       k = 0;
       for(i = 0;i<16;i + + )
         {
            if(dot[i][j]<16)
            {
             data[j][k] = '0';k + +
             data[j][k] = table[dot[i][j]];
             k + + ;
            }
            else{data[j][k] = table[((dot[i][j]&0xf0)>>4)];
              k + + ;
              data[j][k] = table[(dot[i][j]&0xf0)];
              k + + ;}
           total[j] + = dot[i][j];
         }
       total[j] + = 16;
      }
  }
void intok(void)
{
 int x,y,ad;
 char add[5];
 char cha;
 if((fp = fopen("zk2000.hex","a")) = = NULL)
    {
     printf("cannot open file\n");
     exit(1);
    }
 printf("起始地址：");
 scanf("%x",&ad);
 for(x = 0;x<2;x + + )
     {
```

```c
       y = 0;
       add[0] = table[(ad&0xf000)>>12];
       add[1] = table[(ad&0x0f00)>>8];
       add[2] = table[(ad&0x00f0)>>4];
       add[3] = table[(ad&0x000f)];
       add[4] = '\0';
       fputs(":10",fp);
       fputs(add,fp);
       printf("%s",add);
       getch();
       fputs("00",fp);
       while(y<32)
          {
            cha = putc(data[x][y],fp);
            putchar(cha);
            y++;
          }
       total[x] += ad;
       ad += 16;
       for(y = 0;y<256;y++)
          {
            if(((total[x] + y)%256) == 0)
             {
               if(y<16)
                {
                  putc('0',fp);
                  putc9table[y],fp);
                }
               else{putc(table[y/16],fp);
                  putc(table[y%16],fp);}
               break;
             }
          }
       putc(13,fp);
       putc(10,fp);
       printf("\n");
       total[x] = 0;
}
```

```
 fclose(fp);
}
void hanzzk(char *hz)      /*提取汉字字模*/
{
 long offset1;
 char *s = hz;
 if((fp = fopen("d:\\ucdos\\hzk16","rb")) = = 0)
   {
    printf("Can not open the file\n");
    exit(1);
   }
 while(*s! = '\0')
    {
     offset1 = (long)((*s + 95)*94 + (*(s + 1) + 95))*32;
     fseek(fp,offset1,SEEK_SET);
     getzm();
     s + = 2;
    }
 fcolse(fp);
 intok();
}
main()
{
 char hz[3];
 char zn = 'y';
 while(zn = = 'y')
    {
     printf("请输入汉字:");
     scanf("%s",hz);
     hanzzk(hz);
     printf("还有其他字吗?(y/n)");
     zn = getchar();
    }
}
```

习　题

1. 在外部 RAM 2000H 这个存储单元中，接有 8 个 LED 发光二极管，此 LED 发光二极管共阴极方式连接，现要求这 8 个发光二极管每间隔 2 s 循环点亮，要求采用中断方式实现。

2. 图 8.8 为 8 段共阴数码管，请写出如下数值的段码。

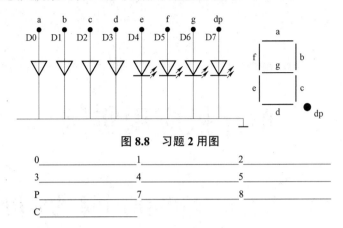

图 8.8 习题 2 用图

0 _____ 1 _____ 2 _____
3 _____ 4 _____ 5 _____
P _____ 7 _____ 8 _____
C _____

3. LED 的静态显示方式与动态显示方式有何区别？各有什么优缺点？

4. 编制一个循环闪烁灯的程序：有 8 个发光二极管，每次其中某个灯闪烁点亮 10 次后，转到下一个闪烁 10 次，循环不止。其硬件连接为通过 P1 口连接 LED，当 P1.0 输出高电平时，LED 灯亮，否则不亮。画出电路图。

用 8051 的 P1 口，监测某一按键开关，使每按键一次，输出一个正脉冲（脉宽随意）。

第 9 章

单片机应用实例

9.1 并行接口和定时中断的应用

9.1.1 用 P0 口显示字符串常量

```c
#include <reg51.h>   //包含单片机寄存器的头文件
/******************************************************************
晶振频率为 12 MHz
函数功能：延时约 150 ms （3 × 200 × 250 = 150 000 μs = 150 ms）
延时可以采用定时器方法，也可采用循环空语句实现，如本例
******************************************************************/
void delay150ms (void)
{
unsigned char m, n;
for (m = 0; m<200; m + + )
for (n = 0; n<250; n + + )
;
}
/******************************************************************
函数功能：主函数
******************************************************************/
void main (void)
{
unsigned char str[] = {"Now, Temperature is : "};   //将字符串赋给字符型数组
unsigned char i;
while (1)
{
i = 0;   //将 i 初始化为 0, 从第一个元素开始显示
while (str[i] ! = '\0')        //只要没有显示到结束标志 '\0'
{
```

```
P0 = str [i];              //将第 i 个字符送到 P0 口显示
delay150ms();              //调用 150 ms 延时函数
i + + ;                    //指向下一个待显字符
    }
  }
}
```

9.1.2 用 if 语句控制 P0 口 8 位 LED 的流水方向

用 if 语句控制 P0 口 8 位 LED 的流水方向电路如图 9.1 所示。

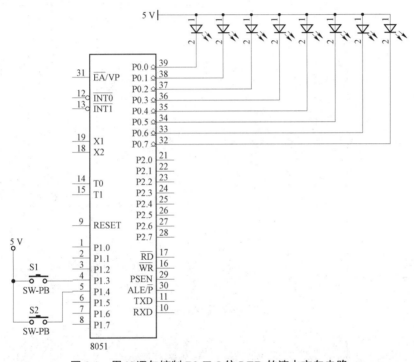

图 9.1 用 if 语句控制 P0 口 8 位 LED 的流水方向电路

```
#include <reg51.h>         //包含单片机寄存器的头文件
sbit S1 = P1^4;            //将 S1 位定义为 P1.4
sbit S2 = P1^5;            //将 S2 位定义为 P1.5
/*****************************************************************
函数功能：主函数
******************************************************************/
void main (void)
{
  while (1)
  {
    if (S1 = = 0)           //如果按键 S1 按下
```

```
    P0 = 0x0f;              //P0 口高 4 位 LED 点亮
    if (S2 = = 0)           //如果按键 S2 按下
    P0 = 0xf0;              //P0 口低 4 位 LED 点亮
    }
}
```

9.1.3 用定时器写的流水灯

用定时器写的流水灯电路如图 9.2 所示。

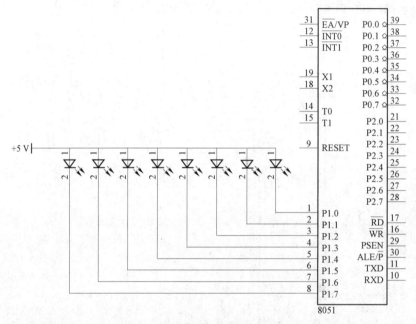

图 9.2 用定时器写的流水灯电路

```
#include <reg51.h>
#define COUNTER 50      //可以改变 COUNTER 来控制间隔时间
unsigned char i = 0;
unsigned char time = 0;
unsigned char string[8] = {0xfe, 0xfd, 0xfb, 0xf7, 0xef, 0xdf, 0xbf, 0x7f};
        //位选信号,如 0xfe,即为 11111110,即 P1.0 为低电平,这位点亮
void main(void)
{
    TMOD = (TMOD&0XF0)0X01;         //定时器 0 工作在方式 1
    TH0 = (65536 - 10000)/256;      //置初值,完成 10 ms 的定时,晶振频率为 12 MHz
    TL0 = (65536 - 10000)%256;
    EA = 1;
    ET0 = 1;
    TR0 = 1;
```

```
    while (1);
}
void time0 (void) interrupt 1
{
    TH0 = (65536 - 10000)/256;
    TL0 = (65536 - 10000)%256;
    if ( + + time = = COUNTER)
      {
        P1 = string [i];
        i + + ;
        if (i = = 8)                      //i 等于 8，则重新循环点亮
        i = 0;  time = 0;
      }
}
```

9.1.4　用字符型数组控制 P0 口 8 位 LED 流水点亮

```
#include <reg51.h>      //包含单片机寄存器的头文件
/****************************************************************
晶振频率为 12 MHz
函数功能：延时约 60 ms  (3 × 100 × 200 = 60 000 μs)
****************************************************************/
void delay60ms(void)
{
  unsigned char m,n;
  for(m = 0;m<100;m + + )
  for(n = 0;n<200;n + + )
    ;
}
/****************************************************************
函数功能：主函数
****************************************************************/
void main(void)
{
  unsigned char i;
  unsigned char code Tab[ ] = {0xfe,0xfd,0xfb,0xf7,0xef,0xdf,0xbf,0x7f};
                          //位选信号
  while(1)
    {
      for(i = 0;i<8;i + + )
```

```
        {
            P0 = Tab[i];        //依次引用数组元素,并将其送入 P0 口显示
            delay60ms();        //调用延时函数
        }
    }
}
```

9.1.5 用定时器 T1 中断控制两个 LED 以不同周期闪烁

```
#include <reg51.h>              //包含 51 单片机寄存器定义的头文件
sbit D1 = P2^0;                 //将 D1 位定义为 P2.0 引脚
sbit D2 = P2^1;                 //将 D2 位定义为 P2.1 引脚
unsigned char Countor1;         //设置全局变量,储定时器 T1 中断次数
unsigned char Countor2;         //设置全局变量,储定时器 T1 中断次数
/*******************************************************************
函数功能:主函数
*******************************************************************/
void main (void)
{
    EA = 1;    //开总中断
    ET1 = 1;   //定时器 T1 中断允许
    TMOD = 0x10;   //使用定时器 T1 的模式 1
    TH1 = (65536 - 46083)/256;    //定时器 T1 的高 8 位赋初值
    TL1 = (65536 - 46083)%256;    //定时器 T1 的低 8 位赋初值
    TR1 = 1;           //启动定时器 T1
    Countor1 = 0;      //从 0 开始累计中断次数
    Countor2 = 0;      //从 0 开始累计中断次数
    while (1)          //无限循环等待中断
        ;
}
/*******************************************************************
函数功能:定时器 T1 的中断服务程序
*******************************************************************/
void Time1 (void) interrupt 3 using 0    //"interrupt"声明函数为中断服务函数,其
后的 3 为定时器 T1 的中断编号;0 表示使用第 0 组工作寄存器
{
    Countor1 ++ ;    //Countor1 自动加 1
    Countor2 ++ ;    //Countor2 自动加 1
    if (Countor1 == 2)//若累计满 2 次,即计时满 100 ms
    {
        D1 = ~D1;    //按位取反操作,将 P2.0 引脚输出电平取反
        Countor1 = 0;    //将 Countor2 清"0",重新从 0 开始计数
    }
```

```
if(Countor2 = = 8)//若累计满8次，即计时满400ms
{
    D2 = ~D2;    //按位取反操作，将P2.1引脚输出电平取反
    Countor2 = 0;   //将Countor2清"0"，重新从0开始计数
}
TH1 = (65536 - 46083)/256;  //定时器T1的高8位重新赋初值
TL1 = (65536 - 46083)%256;  //定时器T1的低8位重新赋初值
}
```

9.2 键盘的应用

9.2.1 用8255的PA口与4×4键盘相接

//用8255的PA口与4×4键盘相接，横的是PA0、PA1、PA2、PA3，纵的扫描线是PA4、PA5、PA6、PA7
//扫描结果是 0，1，2，3，
//   4，5，6，7，
//   8，9，a，b，
//   c，d，e，f
//8255的PA口地址为1000H，控制地址为1003H，PA作为输入，采用方式0。

8255的PA口与4×4键盘连接如图9.3所示。

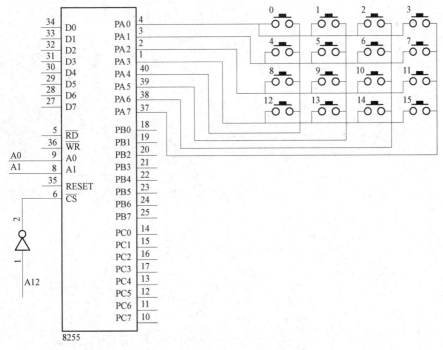

图9.3　8255的PA口与4×4键盘连接

```c
#include <reg51.h>
#include <intrins.h>
#include <absacc.h>
#define PA XBYTE [0x1000]
#define P_CON XBYTE [0x1003]
#define uchar unsigned char
uchar rr, tmp, tmp1;
uchar k;
uchar keydata;
void key_scan (void);           //键盘函数定义段;
uchar key_tab (uchar k);
void delay (void);
void main (void)
{
 P_CON = 0X90; //8255的方式控制字,D7 = 1,D6D5 = 00(方式0),D4 = 1,PA输入10010000
  while(1)
  {
   key_scan();
  }
}
void key_scan(void)
{
 uchar sccode,recode,i;
 rr = PA;       //读入键盘值
 tmp = rr&0xf0;         //开始列扫描
          if((PA&0xf0)! = 0xf0)
          {
            delay();
            if((PA&0xf0)! = 0xf0)
            {
             sccode = 0x0e;   //开始行扫描,共4次,第一次从1111 1110即从最低位开始
             for(i = 0;i<4;i + +)
                {
                  if((PA&0x0f) = = (sccode&0x0f))
                    {
                         recode = (PA&0xf0)|0x0f; //得到列的值
                         sccode = (sccode&0x0f)|0xf0;   //得到行值
                          k = (~recode) + (~sccode);//得到行、列的值
                         keydata = key_tab(k);
```

```c
                    break;
                }
                else
                    sccode = (sccode<<1) + 1 ;  //保证每移动一次，零位置左移一位
            }
        }

    }
}
void delay()          //去抖动
{
 int a = 20;
 while( − − a);
}
uchar key_tab(uchar k)
{
  uchar kb;
  switch(k)
  {
    case 0x11:kb = 0x00;break;
    case 0x21:kb = 0x01;break;
    case 0x41:kb = 0x02;break;
    case 0x81:kb = 0x03;break;
    case 0x12:kb = 0x04;break;
    case 0x22:kb = 0x05;break;
    case 0x42:kb = 0x06;break;
    case 0x82:kb = 0x07;break;
    case 0x14:kb = 0x08;break;
    case 0x24:kb = 0x09;break;
    case 0x44:kb = 0x0a;break;
    case 0x84:kb = 0x0b;break;
    case 0x18:kb = 0x0C;break;
    case 0x28:kb = 0x0d;break;
    case 0x48:kb = 0x0e;break;
    case 0x88:kb = 0x0f;break;
    default  :kb = 0xff;break;
  }
  return kb;
}
```

9.2.2 带键盘设置的秒计时器

```c
/****************************************************************
;功能描述：
;带键盘设置的秒计时器
;功能：倒计时的秒计时器，从59倒计到0，然后又从59开始倒计到0
;各个键的功能：
;S1：开始运行
;S2：停止运行
;S3：高位加1，按一次，数码管的十位加1，从0～5循环变化
;S4：低位加1，按一次，数码管的个位加1，从0～9循环变化
;本例可用ledkey.dll实验仿真板验证
****************************************************************/
#include "reg51.h"
#define uchar unsigned char
#define uint unsigned int
#defineHidden 0x10；//消隐字符在字型码表中的位置
uchar code BitTab[] = {0x7F, 0xBF, 0xDF, 0xEF, 0xFB};
uchar code DispTab[] = {0xC0, 0xF9, 0xA4, 0xB0, 0x99, 0x92, x82, 0xF8,
0x80, 0x90, 0x88, 0x83, 0xC6, 0xA1, 0x86, 0x8E, 0xFF};
uchar DispBuf[6];        //6字节的显示缓冲区
bit Sec;                 //1s到的标记
uchar SecVal;            //秒计数值
bit KeyOk;
bit StartRun;
uchar SetSecVal;         //秒的预置值
uchar code TH0_Val = 63266/256;
uchar code TL0_Val = 63266%256; //当晶振为11.059 2 MHz时，定时2.5 ms的定时器初值
//经过精确调整，在值为63 266时，定时时间为1.000 433 62 s
void Timer0() interrupt 1
{
    uchar tmp;
    static uchar dCount;         //计数器,显示程序通过它得知现正显示哪个数码管
    static uint Count;           //秒计数器
    const uint CountNum = 100;   //预置值(正确值为400)
    TH0 = TH0_Val;
    TL0 = TL0_Val;
    tmp = BitTab[dCount];        //根据当前的计数值取位值
    P2 = P2|0xfc;                //P2与11111100B相或,将高6位置"1"
```

```c
        P2 = P2&tmp;                //P2与取出的位值相与,将某一位清"0"
        tmp = DispBuf[dCount];      //根据当前的计数值取显示缓冲区中待显示值
        tmp = DispTab[tmp];         //取字型码
        P0 = tmp;                   //送出字型码
        dCount ++ ;                 //计数值加1
        if(dCount = = 6)            //如果计数值等于6,则让其回0
            dCount = 0;
/*以下是秒计数的程序行*/
    Count + + ;                     //计数器加1
    if(Count> = CountNum)           //到达预计数值
    {
      Count = 0;                    //清"0"
      if(StartRun)                  //要求运行
         {
            if((SecVal - -) = = 0)
            SecVal = SetSecVal;     //减到0后重置初值
         }
    }
}
/*延时程序,由Delay参数确定延迟时间*/
void mDelay(unsigned int Delay)
{
    unsigned int i;
    for(;Delay>0;Delay - -)
    {
      for(i = 0;i<124;i + +)
      {;}
    }
}
void KeyProc(uchar KValue)          //键值处理
{
    if((KValue&0x04) = = 0)         //Start
         StartRun = 1;
    if((KValue&0x08) = = 0)         //Stop
         StartRun = 0;
    if((KValue&0x10) = = 0)
    {
         StartRun = 0;              //停止运行
         DispBuf[4] + + ;
         if(DispBuf[4]> = 6)        //次高位由0加到5
```

```c
                DispBuf[4] = 0;
            SetSecVal = DispBuf[4]*10 + DispBuf[5];    //计算出设置值
            SecVal = SetSecVal;
    }
    if((KValue&0x20) == 0)
    {
            StartRun = 0;              //停止运行
            DispBuf[5] ++ ;
            if(DispBuf[5]> = 10)       //末位由 0 加到 9
                DispBuf[5] = 0;
            SetSecVal = DispBuf[4]*10 + DispBuf[5];    //计算出设置值
            SecVal = SetSecVal;
    }
}
uchar Key()
{
    uchar KValue;
    uchar tmp;
    P3| = 0x3c;             //将 P3 口接的键盘的中间 4 位置"1"
    KValue = P3;
    KValue| = 0xc3;         //将未接键的 4 位置"1"
    if(KValue == 0xff)      //中间 4 位均为"1",无键按下
        return(0);          //返回
    mDelay(10);             //延时 10 ms,去键抖
    KValue = P3;
    KValue| = 0xc3;         //将未接键的 4 位置"1"
    if(KValue == 0xff)      //中间 4 位均为"1",无键按下
        return(0);          //返回
                            //如尚未返回,说明一定有"1"或更多位被按下
    for(;;)
    {
      tmp = P3;
      if((tmp|0xc3) == 0xff)
          break;            //等待按键释放
    }
    return(KValue);
}
void Init()
{
```

```c
    TMOD = 0x01;
    TH0 = TH0_Val;
    TL0 = TL0_Val;
    ET0 = 1;                //开T0中断
    EA = 1;                 //开总中断
    TR0 = 1;                //T0开始运行
}
void main()
{
    uchar KeyVal;
    uchar i;
    Init();                 //初始化
    for(i = 0;i< = 4;i + + )
        DispBuf[i] = Hidden;    //显示器前4位消隐
    DispBuf[4] = SecVal/10;
    DispBuf[5] = SecVal%10;
    for(;;)
    {
        KeyVal = Key();
        if(KeyVal)
            KeyProc(KeyVal);
        DispBuf[4] = SecVal/10;
        DispBuf[5] = SecVal%10;
    }
}
```

9.3 串口的应用

9.3.1 键盘输入串口显示 BCD 码

```c
#include "reg51.h"
unsigned char ssbuf;
bit flog = 0;
void InitHyperTerminal(void)
{
    TMOD | = 0x20;      /* timer1, mode 2, 8 bit reload */
    SCON = 0x50;        /* serial mode 1, 8 bit uart, enable receive */
    PCON = 0x80;        /* SMOD = 1, double baud */
    TH1 = 0xFF;         /* baud = 57 600, $f_{osc}$ = 11.059 2 MHz */
```

```
    TL1 = 0xFF;
    RI = 0;              /* clear receive flag */
    TI = 0;              /* clear send flag */
    TR1 = 1;             /* start timer1 */
    ES = 1;              /* enable serial interrupt */
    EA = 1;              /* enable all interrupt */
}
void SerialInterrupt(void) interrupt 4 using 3
{
   if(RI)
   {
     RI = 0;
     ssbuf = SBUF;
     flog = 1;
   }
}
//P1 = dispcode[y]
 main()
{
  unsigned char x,y,i,j,a[10];
  unsigned char code dispcode[] = {0x3f,0x06,0x5b,0x4f,
                                  0x66,0x6d,0x7d,0x07,
                                  0x7f,0x6f,0x77,0x7c,
                                  0x39,0x5e,0x79,0x71,0x00};
  i = 0;
  InitHyperTerminal();
  while(1)
  {
   while(flog)
   {
    a[i] = ssbuf;
    flog = 0;
    i = i + 1;
    if(i = = 2)
    {
      i = 0;
      if((a[0]> = 0x30)&(a[0]< = 0x39))
        {x = a[0] - 0x30;}
      else {x = a[0] - 'a' + 10;}
      if((a[1]> = 0x30)&(a[1]< = 0x39))
        {y = a[1] - 0x30;}
```

```
            else{y = a[1] - 'a' + 10;}
            j = a[0]*16 + a[1];
            a[2] = j;
            a[3] = a[2]/100;      //百位
            a[4] = a[0] - a[1]*100;
            a[5] = a[4]/10;       //十位
            a[6] = a[2] - a[3]*100 - a[5]*10;  //个位
             //百位a[3]，十位a[5]，个位a[7]
            P0 = dispcode[a[3]];   //百位 P0
            P1 = dispcode[a[5]];   //十位 P1
            P2 = dispcode[a[7]];   //个位 P2
        }
      }
    }
}
```
//采用共阳极的数码管，P1 显示高位数字，P0 显示低位数字，从 00H 到 FFH
//每一秒改变一位数字，采用定时器 0 中断方式。晶振频率为 12 MHz，50 ms 定时，计数 20 次，即
1s 修改一次数据
```
#include "reg51.h"
#include "intrins.h"
#include <absacc.h>
#define uc unsigned char
bit flog;
uc i = 0;
void timer0(void) interrupt 1   //定时器 0 中断服务程序
{
  TH0 = (65536 - 50000)/256;
  TL0 = (65536 - 50000)%256;
  i = i + 1;
  if (i = = 20)
    {i = 0;flog = 1;}
  else flog = 0;
}
main()
{
  uc j,k,m;
  uc code DispTab[] = {0xC0,0xF9,0xA4,0xB0,0x99,0x92,0x82,0xF8,0x80,0x90,0x88,
  0x83,0xC6,0xA1,0x86,0x8E,0xFF};
  EA = 1;
  ET0 = 1;
  TMOD = 0x01;
  TR0 = 1;
  TH0 = (65536 - 50000)/256;
```

```
    TL0 = (65536 - 50000)%256;
    j = 0;
    while(1)
      {
          if(flog = = 1)
          {
          k = j;      //P1 显示高位数字
           k = k >> 4;
           P1 = DispTab[k];
           m = j;     //P0 显示低位数字
           m = m&0x0f;
              P0 = DispTab[m];
              DBYTE[0x30] = j;
              j = j + 1;
              }
         }
}
```

9.3.2 串口从键盘输入并显示 0~F

图 9.4 所示为串口从键盘输入并显示 0~F 的电路。

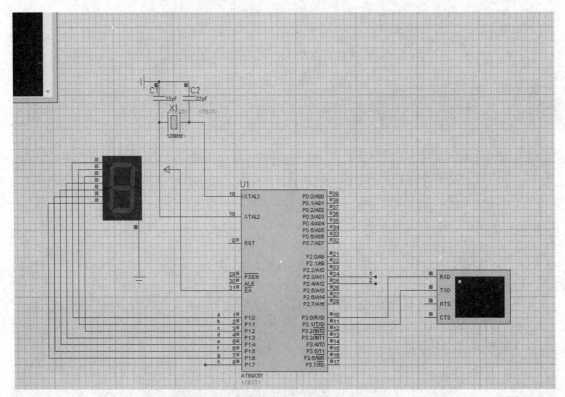

图 9.4 串口从键盘输入并显示 0~F 的电路

```c
#include "reg51.h"
unsigned char timecount;
bit flog = 0;
void InitHyperTerminal(void)
{
    TMOD |= 0x20;           /* timer1, mode 2, 8 bit reload */
    SCON = 0x50;            /* serial mode 1, 8 bit uart, enable receive */
    PCON = 0x80;            /* SMOD = 1, double baud */
    TH1 = 0xFF;             /* baud = 57 600, $f_{osc}$ = 11.059 2 MHz */
    TL1 = 0xFF;
    RI = 0;                 /* clear receive flag */
    TI = 0;                 /* clear send flag */
    TR1 = 1;                /* start timer1 */
    ES = 1;                 /* enable serial interrupt */
    EA = 1;                 /* enable all interrupt */
}
void SerialInterrupt(void) interrupt 4 using 3   //串口接收中断服务子程序
{
  if(RI)
    {
      RI = 0;
      timecount = SBUF;
      flog = 1;
    }
}
main()
{
  unsigned char x,y;
  unsigned char code dispcode[] = {0x3f,0x06,0x5b,0x4f,
                                   0x66,0x6d,0x7d,0x07,
                                   0x7f,0x6f,0x77,0x7c,
                                   0x39,0x5e,0x79,0x71,0x00};
                                   //数字和字母对应的七段码

  InitHyperTerminal();
  while(1)
```

```
{
    while(flog)
  {
    if((timecount> = 0x30)&(timecount< = 0x39))
    {x = timecount - 0x30,P1 = dispcode[x];}    //若为数字的处理
     else
    {y = timecount - 'a' + 10;P1 = dispcode[y];}  //若为字母的处理
    flog = 0;
  }
 }
}
```

9.4 脉宽调制（PWM）的应用

9.4.1 PWM 控制电机的方法

单片机控制电机的连接电路如图 9.5 所示。

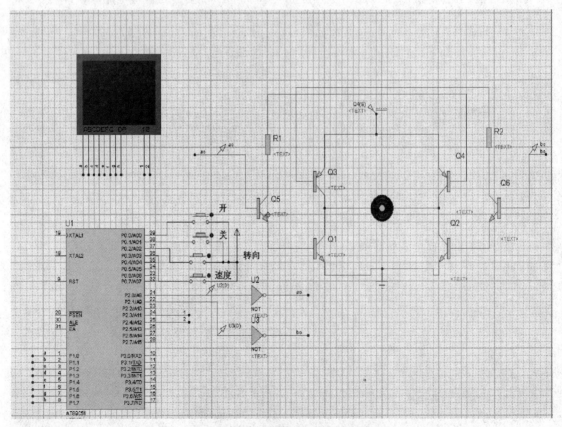

图 9.5　单片机控制电机的连接电路

/*以下是一段产生占空比为20%的脉冲信号的C51程序 */
/*对应于一定的占空比,如果你要改变占空比,可能需要建立一个对应于不同转速的参数表(如定时器初值等),查表得到不同参数,以改变占空比和转速 */
/*采用6 MHz晶振,在P1.0引脚上输出周期为2.5 s、占空比为20%的脉冲信号*/
/*定时100 ms,周期2.5 s需25次中断,高电平0.5 s需5次中断*/

```c
#include <reg51.h>
typedef unsigned char uchar;
sbit P0_0 = P0^0;
sbit P0_1 = P0^1;
sbit P0_2 = P0^2;
sbit P0_3 = P0^3;
sbit P2_0 = P2^0;
sbit P2_1 = P2^1;
uchar time = 0;
uchar period = 25;
uchar high = 10;
uchar th1 = 0;
uchar tl1 = 0;
uchar th0 = 0;
uchar tl0 = 0;
void timer0() interrupt 1 using 1
{
        TH0 = 0x3c;      /*定时器初值重装载*/
        TL0 = 0xb0;
        //TH0 = 0xc3;    /*定时器初值重装载*/
        //TL0 = 0x50;
        time + + ;
        if(time = = high)   /*高电平持续时间结束,变低*/
        {
          P2_0 = tl0;
          P2_1 = tl1;
        }
        else if(time = = period)    /*周期时间到,变高*/
            {
                time = 0;
                P2_0 = th0;
                P2_1 = th1;
            }
```

```c
}
void main()
{
    TMOD = 0x01;    /*定时器0工作于方式1*/
    TH0 = 0x3c;     /*定时器装载初值,设置脉冲信号的占空比为1/5*/
    TL0 = 0xb0;
  //TH0 = 0xc3;     /*定时器装载初值,设置脉冲信号的占空比为4/5*/
  //TL0 = 0x50;
    EA = 1;         /*开CPU中断*/
    ET0 = 1;        /*开定时器0中断*/
    TR0 = 1;        /*启动定时器0*/
    if(P0_2 = = 1)
     {
      th0 = 1;
      tl0 = 0;
      th1 = 0;
      tl1 = 0;
      }
   if(P0_3 = = 1)
    {
     th0 = 0;
     tl0 = 0;
     th1 = 1;
     tl1 = 0;
    }
   while(1)        /*等待中断*/
     {}
}
/*用PWM控制电机脉冲频率应控制在25~35 Hz*/
/*定时1 ms,1个周期30 ms,脉冲频率为33 Hz*/

#include <reg51.h>
typedef unsigned char uchar;
sbit P0_0 = P0^0;
sbit P0_1 = P0^1;
sbit P0_2 = P0^2;
sbit P0_3 = P0^3;
sbit P0_4 = P0^4;
```

```c
sbit P2_0 = P2^0;
sbit P2_1 = P2^1;
sbit P2_2 = P2^2;
sbit P2_3 = P2^3;
sbit P2_4 = P2^4;
sbit P3_4 = P3^4;
uchar time = 0;
uchar period = 30;
uchar high = 10;
uchar th0 = 0;
uchar tl0 = 1;
bit dir;
void dealy()
{
 uchar i;
 for(i = 0;i<100;i + + );
}
void timer0() interrupt 1 using 1
{
   TH0 = 0xfc;      /*定时器初值重装载*/
   TL0 = 0x18;
   time + + ;
   P3_4 = ~P3_4;
    if(dir = = 1)
      {
          if(time = = high)    /*高电平持续时间结束，变低*/
          P2_0 = th0;          /*经过反相器反相*/
            else if(time = = period)    /*周期时间到，变高*/
              {
                  time = 0;
                  P2_0 = tl0;    /*经过反相器反相*/
              }
      }
      else if(time = = high)    /*高电平持续时间结束，变低*/
        P2_1 = th0;        /*经过反相器反相*/
          else if(time = = period)    /*周期时间到，变高*/
            {
                time = 0;
```

```
            P2_1 = tl0;          /*经过反相器反相*/
        }
}
void main()
{
    P0 = 0x00;
    P2 = 0x00;
    TMOD = 0x01;     /*定时器0工作于方式1*/
    TH0 = 0xfc;       /*定时器装载初值,设置脉冲信号的占空比为1/5*/
    TL0 = 0x18;
    ET0 = 1;    /*开定时器0中断*/
    TR0 = 1;    /*启动定时器0*/
    while(1)
       {
        if(P0_0 = = 1)
        EA = 1;     /*开CPU中断*/
        if(P0_1 = = 1)
        EA = 0;    /*关CPU中断*/
        if(P0_2 = = 1)
        {
          dir = ~dir;   /*转向控制*/
          while(P0_2! = 0)
          {};
        }
        if(P0_3 = = 1)
        {
          high + + ;
          if(high = = 30)
          high = 0;
          while(P0_3! = 0)
          {};
        }
       }
    }
```

9.4.2 步进电机控制

单片机与步进电机连接电路如图9.6所示。

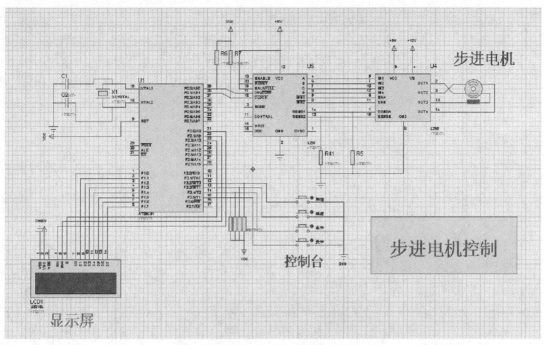

图 9.6 单片机与步进电机连接电路

```
#include "AT89X51.h"
int delay();
void inti_lcd();
void show_lcd (int);
void cmd_wr();
void ShowState();
void clock (unsigned int Delay);
void DoSpeed();              //计算速度
#define RIGHT_RUN 1          //正转值
#define LEFT_RUN 0           //反转值
sbit RS = 0xA0;
sbit RW = 0xA1;
sbit E = 0xA2;
char SpeedChar[] = "SPEED (n/min): ";
char StateChar[] = "RUN STATE: ";
char STATE_CW[] = "CW";
char STATE_CCW[] = "CCW";
char SPEED [3] = "050";
unsigned int RunSpeed = 50;         //速度
unsigned char RunState = RIGHT_RUN;  //运行状态
main()
{    /*定时器设置*/
```

```c
   TMOD = 0x66;        //定时器0、1都为计数方式,方式2
   EA = 1;             //开中断
   TH0 = 0xff;         //定时器0初值为FFH
   TL0 = 0xff;
   ET0 = 1;
   TR0 = 1;
   TH1 = 0xff;         //定时器1初值为FFH
   TL1 = 0xff;
   ET1 = 1;
   TR1 = 1;
   IT0 = 1;            //脉冲方式
   EX0 = 1;            //开外部中断0:加速
   IT1 = 1;            //脉冲方式
   EX1 = 1;            //开外部中断1:减速
      inti_lcd();
      DoSpeed();
      ShowState();
      while(1)
      {
        clock(RunSpeed);
        P0_1 = P0_1^0x01;
      }

}

/*定时器0中断程序:正转*/
void t_0(void) interrupt 1
{
 RunState = RIGHT_RUN;
  P0_0 = 1;
  P1 = 0x01;
  cmd_wr();
  ShowState();
}
/*定时器1中断:反转*/
void t_1(void) interrupt 3
{
 RunState = LEFT_RUN;
   P0_0 = 0;
   P1 = 0x01;
```

```c
    cmd_wr();
    ShowState();
  }
/*中断0:加速程序*/
void SpeedUp() interrupt 0
{
  if(RunSpeed> = 12)
  RunSpeed = RunSpeed - 2;
  DoSpeed();
  P1 = 0x01;
  cmd_wr();
  ShowState();


}
/*中断1:减速程序*/
void SpeedDowm() interrupt 2
{
   if(RunSpeed< = 100)
   RunSpeed = RunSpeed + 2;
   DoSpeed();
   P1 = 0x01;
   cmd_wr();
   ShowState();
}
int delay()          //判断LCD是否忙
{
  int a;
  start:
    RS = 0;
    RW = 1;
    E = 0;
    for(a = 0;a<2;a + + );
    E = 1;
    P1 = 0xff;
    if(P1_7 = = 0)
       return 0;
    else
       goto start;
}
void inti_lcd()   //设置LCD方式
```

```c
{
   P1 = 0x38;
   cmd_wr();
   delay();
   P1 = 0x01;        //清除
   cmd_wr();
   delay();
   P1 = 0x0f;
   cmd_wr();
   delay();
   P1 = 0x06;
   cmd_wr();
   delay();
   P1 = 0x0C;
   cmd_wr();
   delay();
}

void cmd_wr()            //写控制字
{
   RS = 0;
   RW = 0;
   E = 0;
   E = 1;
}
void show_lcd(int i)    //LCD显示子程序
{
   P1 = i;
   RS = 1;
   RW = 0;
   E = 0;
   E = 1;
}
void ShowState()      //显示状态与速度
{
    int i = 0;
    while(SpeedChar[i]! = '\0')
    {
       delay();
       show_lcd(SpeedChar[i]);
```

```
      i + + ;
    }
  delay();
  P1 = 0x80 | 0x0d;
  cmd_wr();
  i = 0;
  while(SPEED[i]! = '\0')
  {
    delay();
    show_lcd(SPEED[i]);
    i + + ;
  }
  delay();
  P1 = 0xC0;
  cmd_wr();
  i = 0;
  while(StateChar[i]! = '\0')
  {
    delay();
    show_lcd(StateChar[i]);
    i + + ;
  }
  delay();
  P1 = 0xC0 | 0x0A;
  cmd_wr();
  i = 0;
  if(RunState = = RIGHT_RUN)
    while(STATE_CW[i]! = '\0')
    {
      delay();
      show_lcd(STATE_CW[i]);
      i + + ;
    }
  else
    while(STATE_CCW[i]! = '\0')
    {
      delay();
      show_lcd(STATE_CCW[i]);
      i + + ;
    }
```

```
}
void clock(unsigned int Delay)    //1 ms 延时程序
{
    unsigned int i;
    for(;Delay>0;Delay - -)
     for(i = 0;i<124;i + +);
}
void DoSpeed()
{
    SPEED[0] = (1000*6/RunSpeed/100) + 48;
    SPEED[1] = 1000*6/RunSpeed%100/10 + 48;
    SPEED[2] = 1000*6/RunSpeed%10 + 48;
}
```

9.5 电动自行车的速度测试系统

电动自行车的速度测试系统电路如图 9.7 所示。

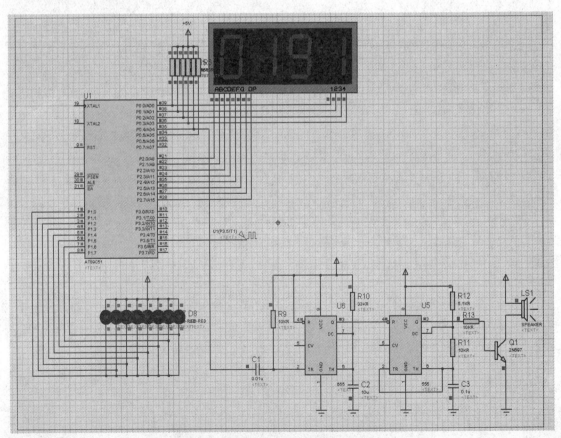

图 9.7 电动自行车的速度测试系统电路图

```c
#include <AT89X51.H>
#define uchar unsigned char
#define uint unsigned int
uchar code seg7code[] = {0xC0, 0xF9, 0xA4, 0xB0, x99, 0x92, 0x82, 0xF8, 0x90};
uint sec, miaoshu, tcnt, count;
sbit p00 = P0^0;   //各个口定义
sbit p01 = P0^1;
sbit p02 = P0^2;
sbit p03 = P0^3;
sbit p04 = P0^4;
sbit p05 = P0^5;
void Delay(uchar t)
{
    uchar i;
    while(t - -)
    {
       for(i = 0; i<200;i + +);
    }
}
void t0(void) interrupt 1 using 0    //定时器 T0 中断服务函数
{
    tcnt + + ;  //每过 250 μs tcnt 自动加 1
    if(tcnt = = 40)  //计满 40 次（1/100 秒）时
    {
        tcnt = 0;  //重新再计
        sec + + ;
        if(sec = = 100)  //定时 1 s，再从 0 开始计时
        {
            sec = 0;
            TH0 = 0x06;  //对 TH0、TL0 赋值
            TL0 = 0x06;
            miaoshu = count;
            count = 0;
        }
    }
}
void t1(void) interrupt 3 using 0 //计数器 T1 中断服务函数
{
```

```c
        count = count + 1;
        TF0 = 1;
        TH1 = 255;
        TL1 = 255;
        TR1 = 1;
        EA = 1;
}
void LED()
{
    if (miaoshu> = 100)
    {
      p04 = 0;P1 = 0x00;
    }
    else
    {
      p04 = 1;P1 = 0xFF;
    }
    P2 = seg7code[miaoshu/1000];
    p00 = 1;
    Delay(5);
    p00 = 0;
    P2 = seg7code[miaoshu/100%10];
    p01 = 1;
    Delay(5);
    p01 = 0;
    P2 = seg7code[(miaoshu%100)/10];
    p02 = 1;
    Delay(5);
    p02 = 0;
    P2 = seg7code[miaoshu%10];
    p03 = 1;
    Delay(5);
    p03 = 0;
}
void main(void)   //主程序
{
    TMOD = 0x62;   //定时器T0工作在方式2自动重装方式,计数器T1工作在方式2自动重装方式
    TH0 = 0x06;    //对TH0、TL0赋值
```

```
        TL0 = 0x06;
    TR0 = 1;         //开始定时
    ET0 = 1;         //允许T0产生中断
    EA = 1;
    TH1 = 255;
    TL1 = 255;
    TR1 = 1;
    ET1 = 1;
    EA = 1;
        sec = 0;
    miaoshu = 0;tcnt = 0;count = 0;
    while(1)         //调用各个函数模块,死循环
        {
            LED();
        }
}
```

9.6　在单片机上用液晶手机实现汉字输入功能

（此程序参考了 http://www.cr173.com/html/19795_1.html。）

液晶手机实现汉字输入功能这个程序由下述几个部分组成：

（1）键盘输入程序，为一个 4×4 键盘，除 0~9 这 10 个键外，还有确认、清除键，这是一个键盘的典型应用。

（2）液晶手机显示的初始化程序，也是一个典型应用。

（3）液晶手机显示汉字程序，也是一个典型应用。

最后，就是汉字输入法，下面进行介绍。

现在的汉字有好几万个，但常用的汉字有六千七百多个，所以输入法中常用字和难字是分开的，一般输入的编码查出来的只是常用字，同时，词库也有很多内容，如果都放在一起使用，则翻页较多，影响效率，所以把词库也分为两类：常用词库和罕用词库（也叫非常用词库）。由于输入法只需要输入数字和翻页，因此只要小键盘就可以完成（这个特点对于以后把输入法移植到手机上极为有利）。

T9 输入法全名为智能输入法，字库容量为九千多字，是由美国特捷通讯软件公司开发的，该输入法解决了小型掌上设备的文字输入问题，已经成为全球手机文字输入的标准之一。

一般手机拼音输入键盘如图 9.8 所示。

在这个键盘上，我们对比一下传统的输入法和 T9 输入

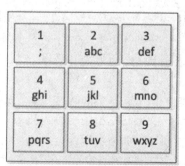

图 9.8　手机拼音输入键盘

法，输入"中国"两个字需要的按键次数。传统的方法，先按 4 次 9，输入字母 z，再按 2 次 4，输入字母 h，再按 3 次 6，输入字母 o，再按 2 次 6，输入字母 n，最后按 1 次 4，输入字母 g。这样，输入"中"字，要按键 12 次，接着同样的方法，输入"国"字，需要按 6 次，总共就是 18 次按键。

如果是 T9，输入"中"字时，只需要输入：9、4、6、6、4，即可实现输入"中"字，在选择"中"字之后，T9 会联想出一系列同"中"字组合的词，如文、国、断、山等。这样要输入"国"字，直接选择即可，所以输入"国"字按键 0 次，这样 T9 总共只需要 5 次按键。这就是 T9 智能输入法的优越之处。正因为 T9 输入法高效便捷的输入方式得到了众多手机厂商的采用，以至于 T9 成了使用频率最高、知名度最大的手机输入法。

先将汉语拼音所有可能的组合全部列出来，由于篇幅所限，只是把几个有代表性的列出来，如下所示：

```
    const unsigned char ZXHPY_zxhmb_space [] = {""};    //来自：ST_M8._CN
    const unsigned char ZXHPY_zxhmb_a[] = {"啊阿吖嘎腌锕呵安按爱暗埃"};    //代表输入"a"
时的可能汉字
    const unsigned char ZXHPY_zxhmb_ai[] = {"爱埃碍矮挨唉哎哀皑癌蔼艾隘呆捱嗳嗌媛瑷暧
砹锿霭"};    //代表输入"ai"时的可能汉字
    const unsigned char ZXHPY_zxhmb_an[] = {"安按暗岸案俺氨胺鞍谙埯揞犴庵桉铵鹌黯广
厂"};    //代表输入"an"时的可能汉字
    const unsigned char ZXHPY_zxhmb_ang[] = {"昂肮盎"};    //代表输入"ang"时的可能汉字
    const unsigned char ZXHPY_zxhmb_ao[] = {"凹奥敖熬翱袄傲懊澳嚣坳拗嗷岙廒遨媪鏊獒聱
螯鳌鏊麈"};    //代表输入"ao"时的可能汉字
    const unsigned char ZXHPY_zxhmb_b[] = {"不部本鲍柏毕变比并别百报步办表"};    //代
表输入"b"时的可能汉字
    const unsigned char ZXHPY_zxhmb_z[] = {"在这主中张章赵曾郑周邹朱种着祝甄庄宗詹臧祖
左展争战作正之制重组治只子自质指"};    //代表输入"z"时的可能汉字
    const unsigned char ZXHPY_zxhmb_zhu[] = {"主注著住助猪朱铸属株筑柱术驻逐祝竹贮珠
诸蛛诛烛煮拄瞩嘱蛀伫侏邾茱洙渚潴杼楮橥炷铢疰瘃褚竺箸鬻躅麈"};    //代表输入"zhu"时的可能汉字
    const unsigned char ZXHPY_zxhmb_hui[] = {"会回灰挥辉汇毁慧恢绘惠徽溃徊蛔悔卉晦贿
秽烩讳诲诙茴荟蕙咴哕喙骥洄浍彗缋珲晖恚虺蟪麾"};    //代表输入"hui"时的可能汉字
    const unsigned char ZXHPY_zxhmb_xiao[] = {"小消削效笑校销硝萧肖孝霄哮器宵淆晓啸哓
崤潇逍骁绡枭蛸筱箫魈"};    //代表输入"xiao"时的可能汉字
```

由上述可知，键入"z"和"zhu"都有可能输入"朱"这个汉字。

由于键入"qian"和"xi"都有可能输入"茜"这个汉字，这是因为"茜"为多音字的原因。

我们将这些组合称为码表，然后将这些码表和其对应的数字串对应起来，组成一个拼音索引表，如下所示：

```
    const zxhPY_index zxhPY_index3[] = {
      {"","",(zxhu*)ZXHPY_zxhmb_space},
      {"2","a",(zxhu*)ZXHPY_zxhmb_a},
```

```
        ……
    {"586","lun",(zxhu*)ZXHPY_zxhmb_lun},
    {"586","luo",(zxhu*)ZXHPY_zxhmb_luo},
    {"586","kun",(zxhu*)ZXHPY_zxhmb_kun},
    {"586","kuo",(zxhu*)ZXHPY_zxhmb_kuo},
        ……
    {"94664","zhong",(zxhu*)ZXHPY_zxhmb_zhong},
    {"94824","zhuai",(zxhu*)ZXHPY_zxhmb_zhuai},
    {"94826","zhuan",(zxhu*)ZXHPY_zxhmb_zhuan},
     }
/*符号输入查询码表*/
/*英文输入查询码表*/
typedef struct
{const char *key;
const char *Letter;
}T9EN_IDX;
const T9EN_IDX t9EN_index[] = {
{"2","abcABC"},
{"3","defDEF"},
{"4","ghiGHI"},
{"5","jklJKL"},
{"6","mnoMNO"},
{"7","pqrsPQRS"},
{"8","tuvTUV"},
{"9","wxyzWXYZ"}
};
/*拼音输入法查询码表*/
typedef struct
{ const char *T9;
  const char *ZXHPY;
  const unsigned char *ZXHMB;
}T9ZXHPY_IDX;
const T9ZXHPY_IDX t9ZXHPY_index[] = {
{"2","a",ZXHPY_zxhmb_a},
{"2","b",ZXHPY_zxhmb_b},
{"2","c",ZXHPY_zxhmb_c},
{"3","d",ZXHPY_zxhmb_d},
{"3","e",ZXHPY_zxhmb_e},
{"3","f",ZXHPY_zxhmb_f},
```

```
{"4","g",ZXHPY_zxhmb_g},
{"4","h",ZXHPY_zxhmb_h},
{"5","j",ZXHPY_zxhmb_j},
{"5","k",ZXHPY_zxhmb_k},
{"5","l",ZXHPY_zxhmb_l},
{"6","m",ZXHPY_zxhmb_m},
{"6","n",ZXHPY_zxhmb_n},
{"6","o",ZXHPY_zxhmb_o},
{"7","p",ZXHPY_zxhmb_p},
{"7","q",ZXHPY_zxhmb_q},
{"7","r",ZXHPY_zxhmb_r},
{"7","s",ZXHPY_zxhmb_s},
{"8","t",ZXHPY_zxhmb_t},
{"9","w",ZXHPY_zxhmb_w},
{"9","x",ZXHPY_zxhmb_x},
{"9","y",ZXHPY_zxhmb_y},
{"9","z",ZXHPY_zxhmb_z},
{"22","ba",ZXHPY_zxhmb_ba},
{"22","ca",ZXHPY_zxhmb_ca},
{"23","ce",ZXHPY_zxhmb_ce},
{"23","be",ZXHPY_zxhmb_bei},
{"24","ai",ZXHPY_zxhmb_ai},
{"24","bi",ZXHPY_zxhmb_bi},
{"24","ch",ZXHPY_zxhmb_ch},
{"24","ci",ZXHPY_zxhmb_ci},
……
{"484","hui",ZXHPY_zxhmb_hui},
{"948","zhu",ZXHPY_zxhmb_zhu},
{"9426","xiao",ZXHPY_zxhmb_xiao},
{"94","xi",ZXHPY_zxhmb_xi}{"","",ZXHPY_zxhmb_space}
};
```

其中 zxhPY_index 是一个结构体，定义如下：

```
typedef struct
    {zxhu *zxhPY_input;   //输入的数字串
     zxhu *zxhPY;         //对应的拼音
     zxhu *zxhPYzxhmb;    //码表
    }zxhPY_index;
```

zxhPY_input 是与拼音对应的数字串，比如"94824"。zxhPY 是与 zxhPY_input 数字串对应的拼音，如果 zxhPY_input="94824"，那么 zxhPY 就是"zhuai"。最后 zxhPYzxhmb，就

是前面说到的码表。注意，一个数字串可以对应多个拼音，也可以对应多个码表。

在有了这个拼音索引表（zxhPY_index3）之后，只需要将输入的数字串和 zxhPY_index3 索引表里面所有成员的 zxhPY_input 进行对比，将所有完全匹配的情况记录下来（例如记录在 zxhPY_index**matchlist 中），然后由用户选择可能的拼音组成（假设有多个匹配的项目），再选择对应的汉字，即完成一次汉字输入。当然还可能是即使找遍了索引表，也没有发现一个完全符合要求的成员，那么则应统计匹配数最多的情况，作为最佳结果，反馈给用户。比如，用户输入"323"，找不到完全匹配的情况，那么就将能和"32"匹配的结果返回给用户。这样，用户还是可以得到输入结果的，同时还可以知道输入有问题，提示用户需要检查输入是否正确。

由上可总结一个完整的 T9 拼音输入步骤（过程）：

（1）输入拼音数字串。

我们用到的 T9 拼音输入法的核心思想就是对比用户输入的拼音数字串，所以必须先由用户输入拼音数字串。

（2）在拼音索引表里查找和输入字符串匹配的项，并记录。

在得到用户输入的拼音数字串之后，在拼音索引表里查找所有匹配的项目，如果有完全匹配的项目，就全部记录下来，如果没有完全匹配的项目，则记录匹配情况最好的一个项目。

（3）显示匹配清单里所有可能的汉字，供用户选择。

将匹配项目的拼音和对应的汉字显示出来，供用户选择。如果有多个匹配项（一个数字串对应多个拼音的情况），则用户还可以选择拼音。

（4）用户选择匹配项，并选择对应的汉字。

用户对匹配的拼音和汉字进行选择，选中其真正想输入的拼音和汉字，实现一次拼音输入。

通过以上 4 个步骤，就可以实现一个简单的 T9 汉字拼音输入法。

```
// 比较两个字符串的匹配情况
//返回值:0xff,表示完全匹配
//其他,匹配的字符数
  zxhu str_match(zxhu *str1,zxhu *str2)
  {
     zxhu i = 0;
     while(1)
      {
         if(*str1! = *str2)break;          //部分匹配
         if(*str1 == '\0'){i = 0XFF;break;}   //完全匹配
         i + + ; str1 + + ; str2 + + ;
      }
     return i;      //两个字符串相等
  }
//获取匹配的拼音码表
//*strin,输入的字符串,形如:"726"
```

```c
//**matchlist,输出的匹配表
//返回值:[7],0 表示完全匹配;1 表示部分匹配(仅在没有完全匹配的时候才会出现)
// [6:0],完全匹配的时候,表示完全匹配的拼音个数
// 部分匹配的时候,表示有效匹配的位数
zxhu get_matched_zxhPYzxhmb(zxhu *strin,zxhPY_index **matchlist)
{
    zxhPY_index *bestmatch;      //最佳匹配
    u16 zxhPYindex_len; u16 i;
    zxhu temp,mcnt = 0,bmcnt = 0;
    bestmatch = (zxhPY_index*)&zxhPY_index3[0];    //默认为 a 的匹配
    zxhPYindex_len = sizeof(zxhPY_index3)/sizeof(zxhPY_index3[0]);
                            //得到 zxhPY 索引表的大小
    for(i = 0;i<zxhPYindex_len;i + + )
     {
        temp = str_match(strin,(zxhu*)zxhPY_index3[i].zxhPY_input);
        if(temp)
        {
            if(temp = = 0XFF)matchlist[mcnt + + ] = (zxhPY_index*)&zxhPY_
                                                    index3[i];
            else if(temp>bmcnt)    //找最佳匹配
            {
                bmcnt = temp;
                bestmatch = (zxhPY_index*)&zxhPY_index3[i];    //最好的匹配
            }
        }
     }
    if(mcnt = = 0&&bmcnt)    //没有完全匹配的结果,但是有部分匹配的结果
     {
        matchlist[0] = bestmatch;
        mcnt = bmcnt|0X80;          //返回部分匹配的有效位数
     }
    return mcnt;//返回匹配的个数
}
//得到拼音码表
//str:输入字符串
//返回值:匹配个数
zxhu get_zxhPYzxhmb(zxhu* str)
{
    return get_matched_zxhPYzxhmb(str,t9.zxhPYzxhmb);
```

```
    }
    // 测试用
    void test_zxhPY(zxhu *inputstr)
    {
        ……（代码省略）
    }
```

由于液晶显示要使用点阵字体，因此显示汉字时，对其对应汉字需要用字模软件产生相应的字体。如下所示：

```
//"拼音输入法汉字排列表"
unsigned char code ZXHPY_zxhmb_a[] = //{"阿啊"};
{
/*  文字:    阿    此数据由汉字字模软件产生*/
/*  宋体 9;   此字体下对应的点阵为：宽 × 高 = 12 × 12    */
/*  高度不是 8 的倍数，现调整为：宽度 × 高度 = 12 × 16   */
0xFF, 0x89, 0x95, 0xE3, 0x00, 0x79, 0x49, 0x79, 0x01, 0xFF, 0x01, 0x00, 0x07,
0x00, 0x00, 0x00, 0x00, 0x00, 0x00, 0x04, 0x04, 0x07, 0x00, 0x00,
/*  文字:    啊  */
/*  宋体 9;   此字体下对应的点阵为：宽 × 高 = 12 × 12    */
/*  高度不是 8 的倍数，现调整为：宽度 × 高度 = 12 × 16   */
0x7E, 0x42, 0x7E, 0xFF, 0x89, 0xF7, 0x78, 0x49, 0x79, 0x01, 0xFF, 0x00, 0x00,
0x00, 0x00, 0x07, 0x00, 0x00, 0x00, 0x00, 0x04, 0x04, 0x07, 0x00,
};
unsigned char code ZXHPY_zxhmb_ai[] = //{"哎哀唉挨皑癌矮蔼艾爱隘碍"};
{/*  文字:    哎  */
/*  宋体 9;   此字体下对应的点阵为：宽 × 高 = 12 × 12    */
/*  高度不是 8 的倍数，现调整为：宽度 × 高度 = 12 × 16   */
0xFE, 0x82, 0xFE, 0x00, 0x02, 0x77, 0x82, 0x82, 0x77, 0x02, 0x02, 0x00, 0x00,
0x00, 0x04, 0x04, 0x04, 0x02, 0x01, 0x01, 0x02, 0x04, 0x04, 0x00,
/*  文字:    唉  */
/*  宋体 9;   此字体下对应的点阵为：宽 × 高 = 12 × 12    */
/*  高度不是 8 的倍数，现调整为：宽度 × 高度 = 12 × 16   */
0xFE, 0x82, 0xFE, 0x80, 0xE4, 0x9E, 0x95, 0xF4, 0x95, 0x96, 0x84, 0x00, 0x00,
0x00, 0x00, 0x04, 0x04, 0x02, 0x01, 0x00, 0x01, 0x02, 0x04, 0x00,
/*  文字:    爱  */
/*  宋体 9;   此字体下对应的点阵为：宽 × 高 = 12 × 12    */
/*  高度不是 8 的倍数，现调整为：宽度 × 高度 = 12 × 16   */
0x18, 0x2A, 0x2A, 0x2E, 0xFA, 0xAE, 0xA9, 0xAD, 0xAB, 0x29, 0x18, 0x00, 0x04,
0x04, 0x02, 0x05, 0x05, 0x02, 0x02, 0x05, 0x04, 0x04, 0x04, 0x00,
/*  文字:    碍  */
```

```
    /*  宋体9；  此字体下对应的点阵为：宽 × 高 = 12 × 12    */
    /*  高度不是8的倍数，现调整为：宽度 × 高度 = 12 × 16   */
    0x21, 0xF9, 0x17, 0xF1, 0x00, 0x5F, 0x55, 0x55, 0x55, 0xDF, 0x40, 0x00, 0x00,
0x03, 0x01, 0x03, 0x00, 0x01, 0x03, 0x05, 0x05, 0x07, 0x01, 0x00,
    };
    unsigned char code ZXHPY_zxhmb_an[] = //{"安氨鞍俺岸按案胺暗"};
    {
    /*  文字：  安  */
    /*  宋体9；  此字体下对应的点阵为：宽 × 高 = 12 × 12    */
    /*  高度不是8的倍数，现调整为：宽度 × 高度 = 12 × 16   */
    0x28, 0x26, 0x22, 0xE2, 0xBA, 0x23, 0x22, 0xE2, 0x22, 0x2A, 0x26, 0x00, 0x04,
0x04, 0x04, 0x04, 0x02, 0x03, 0x01, 0x02, 0x02, 0x04, 0x04, 0x00,
    /*  文字：  岸  */
    /*  宋体9；  此字体下对应的点阵为：宽 × 高 = 12 × 12    */
    /*  高度不是8的倍数，现调整为：宽度 × 高度 = 12 × 16   */
    0x00, 0xF7, 0x14, 0x54, 0x54, 0x57, 0xD4, 0x54, 0x54, 0x57, 0x10, 0x00, 0x04,
0x03, 0x01, 0x01, 0x01, 0x01, 0x07, 0x01, 0x01, 0x01, 0x01, 0x00,
    /*  文字：  按  */
    /*  宋体9；  此字体下对应的点阵为：宽 × 高 = 12 × 12    */
    /*  高度不是8的倍数，现调整为：宽度 × 高度 = 12 × 16   */
    0x44, 0x24, 0xFF, 0x14, 0x26, 0xE2, 0x3A, 0x23, 0xA2, 0x62, 0x26, 0x00, 0x04,
0x04, 0x07, 0x00, 0x04, 0x04, 0x05, 0x03, 0x01, 0x02, 0x04, 0x00,
    /*  文字：  案  */
    /*  宋体9；  此字体下对应的点阵为：宽 × 高 = 12 × 12    */
    /*  高度不是8的倍数，现调整为：宽度 × 高度 = 12 × 16   */
    0x84, 0x8A, 0xCA, 0xBA, 0xAE, 0xEB, 0xBA, 0xAA, 0xCA, 0x8A, 0x86, 0x00, 0x04,
0x04, 0x04, 0x02, 0x01, 0x07, 0x01, 0x02, 0x04, 0x04, 0x04, 0x00,
    /*  文字：  暗  */
    /*  宋体9；  此字体下对应的点阵为：宽 × 高 = 12 × 12    */
    /*  高度不是8的倍数，现调整为：宽度 × 高度 = 12 × 16   */
    0xFE, 0x12, 0x12, 0xFE, 0x12, 0xD6, 0x5A, 0x53, 0x5A, 0xD6, 0x12, 0x00, 0x03,
0x01, 0x01, 0x03, 0x00, 0x07, 0x05, 0x05, 0x05, 0x07, 0x00, 0x00,
    };
```

附录 A　C51 中的关键字

关键字	用途	说明
auto	存储种类说明	用以说明局部变量，缺省值为此
break	程序语句	退出最内层循环
case	程序语句	switch 语句中的选择项
char	数据类型说明	单字节整型数或字符型数据
const	存储类型说明	在程序执行过程中不可更改的常量值
continue	程序语句	转向下一次循环
default	程序语句	switch 语句中的失败选择项
do	程序语句	构成 do...while 循环结构
double	数据类型说明	双精度浮点数
else	程序语句	构成 if...else 选择结构
enum	数据类型说明	枚举
extern	存储种类说明	在其他程序模块中说明了的全局变量
float	数据类型说明	单精度浮点数
for	程序语句	构成 for 循环结构
goto	程序语句	构成 goto 转移结构
if	程序语句	构成 if...else 选择结构
int	数据类型说明	基本整型数
long	数据类型说明	长整型数
register	存储种类说明	使用 CPU 内部寄存的变量
return	程序语句	函数返回
short	数据类型说明	短整型数
signed	数据类型说明	有符号数，二进制数据的最高位为符号位
sizeof	运算符	计算表达式或数据类型的字节数
static	存储种类说明	静态变量
struct	数据类型说明	结构类型数据
switch	程序语句	构成 switch 选择结构
typedef	数据类型说明	重新进行数据类型定义
union	数据类型说明	联合类型数据
unsigned	数据类型说明	无符号数据
void	数据类型说明	无类型数据
volatile	数据类型说明	该变量在程序执行中可被隐含地改变
while	程序语句	构成 while 和 do...while 循环结构

附录 B ANSIC 标准关键字

关键字	用途	说明
bit	位标量声明	声明一个位标量或位类型的函数
sbit	位标量声明	声明一个可位寻址变量
sfr	特殊功能寄存器声明	声明一个特殊功能寄存器
sfr16	特殊功能寄存器声明	声明一个 16 位的特殊功能寄存器
data	存储器类型说明	直接寻址的内部数据存储器
bdata	存储器类型说明	可位寻址的内部数据存储器
idata	存储器类型说明	间接寻址的内部数据存储器
pdata	存储器类型说明	分页寻址的外部数据存储器
xdata	存储器类型说明	外部数据存储器
code	存储器类型说明	程序存储器
interrupt	中断函数说明	定义一个中断函数
reentrant	再入函数说明	定义一个再入函数
using	寄存器组定义	定义芯片的工作寄存器

参 考 文 献

[1] 马忠梅. 单片机的 C 语言应用程序设计 [M]. 第 4 版. 北京：北京航空航天大学出版社，2007.
[2] 戴佳. 51 单片机 C 语言应用程序设计实例精讲 [M]. 北京：电子工业出版社，2008.
[3] 王东锋. 单片机 C 语言应用 100 例 [M]. 北京：电子工业出版社，2009.
[4] 赵晓安. MCS-51 单片机原理及应用 [M]. 天津：天津大学出版社，2001.
[5] 陈海宴. 51 单片机原理及应用 [M]. 北京：北京航空航天大学出版社，2010.
[6] 钟富昭，等. 8051 单片机典型模块设计与应用 [M]. 北京：人民邮电出版社，2007.
[7] 李平，等. 单片机入门与开发 [M]. 北京：机械工业出版社，2008.
[8] 陈堂敏. 刘焕平. 单片机原理与应用 [M]. 北京：北京理工大学出版社，2007.
[9] 张毅刚，等. MCS-51 单片机应用设计 [M]. 第 2 版. 哈尔滨：哈尔滨工业大学出版社，2004.